黑龙江省精品图书出版工程
材料研究与应用著作

U0211857

铜及铜合金海水环境磁物理场缓蚀控制

Magnetophysical Field Corrosion Inhibition Control of Copper and Copper Alloys in Seawater Environment

张　鹏　编著

哈尔滨工业大学出版社
HARBIN INSTITUTE OF TECHNOLOGY PRESS

内 容 简 介

本书系统阐述了海水环境铜及铜合金磁物理场缓蚀机制,主要内容包括铜及铜合金海水腐蚀行为、铜及铜合金海水环境缓蚀控制、旋转电磁效应机制及其对海水水质的影响、铜及铜合金在旋转电磁效应作用海水环境中的电化学腐蚀动力学、铜及铜合金在旋转电磁效应作用海水环境中的腐蚀形貌演变、铜及铜合金海水环境旋转电磁效应缓蚀控制模型及机理。

本书可作为高等院校材料类、化学类等相关专业研究生和高年级本科生的参考书,也可供从事铜及铜合金腐蚀研究的工程技术人员参考。

图书在版编目(CIP)数据

铜及铜合金海水环境磁物理场缓蚀控制/张鹏编著
. —哈尔滨:哈尔滨工业大学出版社,2023.9
ISBN 978-7-5767-0951-3

Ⅰ.①铜…　Ⅱ.①张…　Ⅲ.①电磁环境-环境效应-影响-海水腐蚀-研究　Ⅳ.TG172.5

中国国家版本馆 CIP 数据核字(2023)第 127263 号

策划编辑　许雅莹　马静怡
责任编辑　张永芹　杨　硕
封面设计　刘长友
出版发行　哈尔滨工业大学出版社
社　　址　哈尔滨市南岗区复华四道街 10 号　邮编 150006
传　　真　0451—86414749
网　　址　http://hitpress.hit.edu.cn
印　　刷　黑龙江艺德印刷有限责任公司
开　　本　720 mm×1 000 mm　1/16　印张 13　字数 255 千字
版　　次　2023 年 9 月第 1 版　2023 年 9 月第 1 次印刷
书　　号　ISBN 978-7-5767-0951-3
定　　价　38.00 元

前　言

　　铜及铜合金具有良好的耐腐蚀性、高的换热系数和优良的机械性能、工艺性能、焊接性能，以及抑制海洋微生物附着能力等特性，被广泛应用于海洋工程中。铜及铜合金受到海水中氯离子的侵蚀，会引起安全问题以及经济上的损失，对铜及铜合金在海水中的防腐研究显得十分必要。

　　本书从传统旋转电机的功能新应用角度出发，以旋转电磁效应对海水水质的影响为基础，系统研究了旋转电磁效应对铜及铜合金在 3.5% NaCl 溶液中腐蚀行为的影响，同时结合腐蚀形貌以及腐蚀产物的测试和分析，提出海水环境服役铜及铜合金部件的旋转电磁效应腐蚀控制方法。全书共 7 章，第 1 章绪论，简要介绍海水腐蚀的基本特征、海水环境防腐蚀的重要性、铜及铜合金的海水环境应用；第 2 章介绍铜及铜合金海水腐蚀行为；第 3 章介绍铜及铜合金海水环境缓蚀控制；第 4 章介绍旋转电磁效应机制及其对海水水质的影响；第 5 章介绍铜及铜合金在旋转电磁效应作用海水环境中的电化学腐蚀动力学；第 6 章介绍铜及铜合金在旋转电磁效应作用海水环境中的腐蚀形貌演变；第 7 章介绍铜及铜合金海水环境旋转电磁效应缓蚀控制模型及机理。

　　本书的研究工作得到了国家自然科学基金（51207031）、山东省优秀中青年科学家科研奖励基金（BS2011NJ002）、中国博士后科学基金面上项目（20100471038、2013M541368）等项目的资助。本书的研究工作是依托科技部海洋工程材料及深加工技术国际联合研究中心、山东省高性能构件成形工艺与装备工程技术研究中心、山东省军民两用新材料及制品高校重点实验室等平台完成的。

　　感谢教育作者多年的师长，以及同仁的支持。感谢苏倩、李吉南、朱强、栾冬等历届学生对本书内容的贡献。书中有部分内容参考了有关单位和个人的研究成果，已在参考文献中列出，在此一并致谢。

　　由于作者时间和水平有限，书中难免存在疏漏及不足之处，敬请专家和广大读者批评指正。

作　者

2023 年 7 月

目　　录

第1章 绪 论

1.1 海水腐蚀的基本特征

腐蚀在本质上指的是物质与周围介质间的电子传输和迁移,以及由此产生的对物质的物理和化学作用,特别是对物质表面状态的影响。在海洋环境中的腐蚀失效,除了与材料本身的特性有关(例如,活性金属、钝化金属),还取决于海洋环境。海洋环境一般是指从海洋大气到海底泥沙的物理和化学状况。按照广义的角度,海洋环境包括海水、海水中溶解和悬浮的各种物质、海底沉积物和海底生物。海洋环境是一种十分复杂的综合生态系统,其科学意义在各个学科中有很大的差异。

海洋占据了地球表面的71%,而在海平面200 m以下,则是大约5%的地球面积和25%的可用土地。海洋的平均深度是3 795 m,海洋的容积是$13.7×10^8 km^3$。尽管覆盖着地表的海洋是一个连续的整体,但由于地球上的地理位置和纬度不同,气候条件也有很大的差异,而且地表起伏不平、构造多样,海洋各层之间的深度差异很大,特别是表层水温、盐度、气体组成、水层动态生物分布等都有很大的差异。总体上,海洋表层有两种环境梯度:一是由赤道向两极的纬度梯度;二是从海岸向开放海洋的横向梯度,二者都对海水腐蚀产生了显著的影响。从赤道向两极的变化,主要是太阳辐射引起的海洋温度的改变。从海岸到开放海洋,主要涉及深度、营养成分、海水混合作用等,以及温度、盐度、透明度、pH和生物含量等环境因素的变化。

海水温度在东、西两个方向上的差异比较小,在南、北两个方向上则表现出明显的变化。在世界各大洋中,太平洋表层水温平均值高达19.1 ℃,印度洋为17.0 ℃,大西洋为16.9 ℃,北冰洋为1.5 ℃。全球海洋表面水温的分布特征可以概括为:等温线沿东、西方向延伸,最高气温在赤道附近出现,从热赤道到两极的水温都有下降的趋势。海水温度的变化是影响海洋侵蚀的主要因素。

与温度相比,海水表面的盐度分布要复杂得多,在平均盐度上,大西洋北部(35.5‰)为最高,其次是南大西洋与南太平洋(35.2‰),最低是北太平洋(34.2‰)。全球海水的盐度分布特点主要表现在:盐度在纬线上基本呈现带状分布,赤道地区的盐度偏低,而副热带地区的盐度则达到了最高点;在冷、热两股汇合的海域,海水的盐度梯度尤其明显;海水中的盐分最高和最低,主要集中在某些海盆,例如红海以北,达到42.8‰;冬季的盐分分布特点与夏季相近,但在南海北部等季风作用最严重的海域,其表层盐度在冬、夏之间表现出明显的差别。在海洋动力因素、海岸地形、整体气候、河流入海口等因素的综合影响下,我国海岸带形成了各自特殊的海洋环境,从而产生不同海水腐蚀环境特征。从材料腐蚀学的观点来看,一般将海洋环境分为大气环境和海水环境,根据海水深度进行纵向分区,又可细分为海洋大气区、海洋飞溅区、海洋潮差区、海洋全浸区和海底泥土区等。图1.1和表1.1分别展示了海水腐蚀区带的环境划分和环境条件。

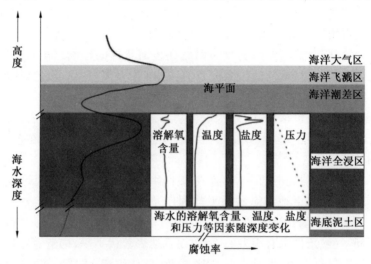

图1.1　海水腐蚀区带的环境划分

表1.1　海水腐蚀区带的环境条件

区带名称	环境条件
海洋大气区	由风带来细小的海盐颗粒
海洋飞溅区	潮湿、供氧充分的表面,海水飞溅,无海洋生物污损
海洋潮差区	随潮水涨落而干湿交替,通常有充足的氧气
海洋全浸区	浅海区海水氧饱和,深海区氧含量变小
海底泥土区	主要为硫酸盐还原菌等细菌和海底沉积物

(1)海洋大气区。

海洋大气区是指在海平面之上,因海水蒸发而产生的高含盐量的大气环境。海洋和大气是一体两面的,彼此间的交互作用非常复杂,它们的相互作用机理是:地表的阳光辐射有超过半数被海洋吸收,然后向大气层排放,再由洋流将它们分散到不同的地方。在海洋与大气的交互作用下,气温、湿度是衡量海水与大气交互作用的两个主要因素,而温度、湿度则是衡量海水与大气之间关系的两个主要因素。温度对材料的腐蚀有两种影响:①在 -15～30 ℃,材料的腐蚀速率随着温度的升高而增大;②热带的大气温度高,金属表面液膜蒸发加快,导致表面湿润时间缩短,腐蚀速率减慢,尤其是在海洋大气区中,由于空气中的相对湿度高,材料的表面会产生一层强腐蚀的水膜。在海洋环境中,表层水膜的厚度是影响材料腐蚀速率和腐蚀机制的主要因素。由于海洋大气中的水分含量不同,其表面的水膜厚度也不同,因此,不同海域的海水侵蚀形态也不尽相同。此外,由于光照、风、雨等因素的作用,其表层的水膜也会发生变化。海水中的氯离子沉积量对材料的腐蚀性能有很大的影响。在海洋大气区,风浪、海面距离、曝晒时间等因素会直接影响海盐沉积情况。

(2)海洋飞溅区。

海洋飞溅区的位置高于海水平均高潮位,具有潮湿、表面充分充气、海水飞溅、干湿交替、日照和无海洋生物污损等特点。该区域的材料常被气相、液相包围,被饱和空气的海水湿润,腐蚀条件更加苛刻。与海洋大气区类似,这个区带里不存在附着生物污损情况,但其含盐粒子量及海水干湿程度对腐蚀的影响比海洋大气区更加明显。海洋飞溅区受到海洋环境湿度、温度、风速、昼夜、风雪等因素的影响,在湿度高、干湿交替条件下,金属表面的薄膜极少保持稳定,呈现厚度和分布形态不断变化的动态性和分散性特征的干湿交替膜。当液膜的厚度在 20～30 个分子之间时,就会形成一层电解质薄膜,这是一种电化学腐蚀所必需的薄膜。在海水中形成的液膜,包含了水溶性盐类和溶解的腐蚀性气体。研究结果表明:在薄液膜下,膜厚度、干湿变化频率、氧扩散进入膜与金属间的速度、膜内的离子组成等是影响膜下腐蚀速率的主要因素。因此,薄液膜下金属的腐蚀是海洋飞溅区金属腐蚀研究的一个重要方面。海洋薄液环境腐蚀的主要环境因素为:环境相对湿度、温差、浪花飞溅的干湿交替频率、污染物和金属表面含盐离子的沉积、海水中的气泡冲击。相对湿度对海水侵蚀和应力腐蚀开裂(SCC)的作用最大;金属薄液的腐蚀主要是由污染物和金属表面的离子沉淀引起的,其中包括硫化物、氮化物、CO_2、海水中的氯化物等。与其他类型薄液环境相比,海洋薄液含盐粒子浓度更高,是强腐蚀性电解液,加快了腐蚀速率。海水中的气泡冲击会破坏材料表面及其保护层而加剧金属的腐蚀。飞溅造成的干湿交替、温度的作用和海水中气泡的撞击,导致其保护层或防腐蚀层损坏。所以,与其他区带相比,一般材料在海洋飞溅区受到的腐蚀更加严重。

(3)海洋潮差区。

海洋潮差区位于海水平均高潮线与平均低潮线之间,该区带也与海水和空气共同接触,具体表现为:涨潮时被海水吞没,退潮时暴露在大气中,其中的金属在潮汐和海流作用下表面频繁干湿交替,腐蚀进程加快。同时,在海洋潮差区中,微生物容易附着在材料表面,起到局部保护作用。然而,这类局部保护不适用于易钝化金属材料,如不锈钢等。因为生物寄生、附着、缺氧等造成了封闭的原电池反应,导致局部腐蚀。因此,在海洋潮差区,金属的腐蚀行为会随着垂直深度的变化而发生变化(图1.2)。以钢带(片)为例,由于氧浓度差的存在,该区带的长尺寸连续钢带具有薄水膜和高氧浓度(阴极),与海洋全浸区的连续钢带(阳极)构成了氧浓差电池,在牺牲阳极保护阴极法的作用下,海洋潮差区的钢带受到保护。然而,该方法不适于多个不连续短尺寸钢片的防腐保护,原因是海洋潮差区与海洋全浸区的钢片无法导通,氧浓差电池无法构成。浅海和港口区域的潮汐,由于受到海深、沿岸地形等因素的影响,性质会出现变化。影响水位变化的因素有很多,主要包括地理地形及气象气候等,具有短时间到长时间的变化规律。

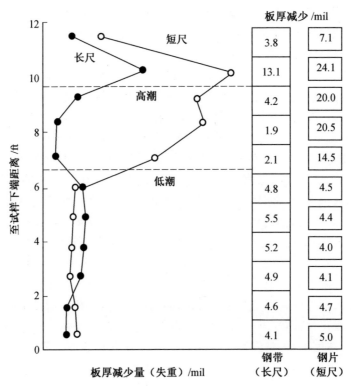

图 1.2　在海洋潮差区上下浸渍的钢带(片)的腐蚀行为

(1 mil＝0.025 4 mm;1 ft＝30.48 cm)

(4)海洋全浸区。

海洋全浸区是指长期处于海水浸泡的区域,根据不同的海水深度,又可以将其分为表层海水区、浅海区和深海区。海面下 20 m 内为表层海水区;深海区指水平面200 m以下的海洋环境;而浅海区泛指深海区以上到海面的海洋环境,通常包括表层海水区。随着深度变化,海水环境中溶解O_2/CO_2/含盐离子浓度、温度、pH、静水压力、海水流速以及生物环境等因素都有很大变化。海水腐蚀关注的主要是表层海水区的腐蚀性,但近年来随着海洋资源的开发、海洋工程及海底装备设施的快速发展,深海环境的腐蚀问题引起了人们的广泛关注。在海洋全浸区,表层水体具有溶解氧接近饱和、生物活性强、水温高等特点,是腐蚀严重的区域。有时,附着的生物会被污染,或者会产生碳酸钙的沉淀。在淡水和海水混杂的河口,侵蚀状况也与沿岸排放硫化物、重金属离子、氨等污染因子密切相关。在水中混有淡水,很难在金属表面沉积碳酸盐,而海洋生物的黏附也会降低。在不同的深度下,溶解氧含量、温度、pH、含盐度等均有明显的差异。海水是一种复杂的多种盐类的平衡溶液,金属的腐蚀行为与多种因素的综合作用有关。海洋全浸区腐蚀的主要环境影响因素有盐度、pH、碳酸盐饱和度、溶解氧含量(通常记作DO,用每升水里氧气的毫克数表示。水中的溶解氧的含量与空气中氧的分压和水的温度都有密切关系。在自然情况下,空气中的含氧量变动不大,故水温是主要的影响因素,水温越低,水中溶解氧的含量越高)、温度、静水压力、流速等。太平洋海水的溶解氧含量、温度、pH和盐度随海水深度的变化曲线如图1.3所示。

深海环境中的环境因子与浅海不同,其中一些主要的环境因子为溶解氧含量、盐度和酸碱度。同时,深海是海洋的一种特殊环境,它的静压是深海和浅海之间最大的区别,它会对材料的环境侵蚀行为造成一定的影响;此外,深海微生物群落与浅海环境的差别很大;而近年来的研究也表明,深海中存在丰富的金属、硫化物。因此,这种特殊的深海环境下,物质的腐蚀问题同样需要被关注。深海环境中的溶解氧含量、水压、微生物以及热液区的存在使其腐蚀环境与其他区域有着很大的不同。

(5)海底泥土区。

海底泥土区又称海底沉积物区,简称海泥区,腐蚀环境较为复杂。海泥可以看作一种被海水覆盖且被不同程度浸湿或饱和的特殊土壤。它是不包含独立气相存在的固、液两相体系,其物理/化学性质不同于陆地土壤和岸边盐碱土地及潮间带海土。泥线以下的海泥区,由于其溶解氧含量不足,相比于海洋环境的其他区带,腐蚀比较轻微,但在海砂流动性较大和海水污染较重的海泥中,腐蚀会加剧,尤其是在含有大量硫酸盐还原菌(SRB)的海泥中,钢铁的腐蚀速率可增加6~7倍,甚至15倍以上,比无菌海泥要高出数倍,比海水中高2~3倍。在不同海区,海底沉积物对钢铁的腐蚀也存在差异。海洋用钢在沉积物中的年平均腐蚀速率为几微米到几十微米,小于在海水中的年平均腐蚀速率(几百微米)。美国在Kure海滩的海泥区测得的腐蚀速率为0.05 mm/年,最大点蚀率为

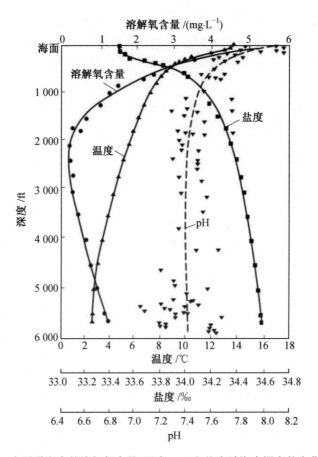

图 1.3　太平洋海水的溶解氧含量、温度、pH 和盐度随海水深度的变化曲线

0.15 mm/年；而在开普敦海泥中，15 cm 厚的钢仅 12 年即腐蚀穿孔，这是海泥中典型的点蚀事例。我国在渤海等区域的海泥和海砂中测得的腐蚀速率分别为 0.046 mm/年和 0.075 mm/年；钢在辽东湾海泥中的最大点蚀率约为 0.7 mm/年。在海泥中，当 SRB 能维持其最佳代谢活动时，腐蚀的发生往往很严重，可能会发生坑蚀或穿孔。海泥区腐蚀环境通常有较低的氧化还原电位，属于厌氧环境。某些区域海泥环境还因上层海流的运动而发生移动，也会对海底设施的腐蚀造成影响。海泥区的腐蚀性取决于其全部腐蚀因素。按影响腐蚀的方式不同，腐蚀因素可主要分为电化学腐蚀因素和微生物腐蚀因素。其中，海底沉积物的颗粒度和 SRB 数量是最重要的两个腐蚀因素。

1.2 海水环境防腐蚀的重要性

海水腐蚀会导致严重的经济损失。其中,设备腐蚀损坏而造成的设备及构件更换、修理、腐蚀防护等支出,属于直接损失。设备损坏造成的产品质量及产能下降、事故赔偿、物料泄漏等,属于间接损失。间接损失的涉及范围远大于直接损失,且难以估计。按照腐蚀防护费用的惯用估算标准,一般环境下,金属构筑物的腐蚀防护费用占整体成本的 $2\%\sim4\%$,由于海洋环境的腐蚀因素较多且复杂,腐蚀防护费用可占整体成本的 $10\%\sim30\%$。因此,在当前致力开发海洋资源、发展海洋蓝色经济的背景下,海水腐蚀及其防护尤为重要。

据统计,我国每年因腐蚀造成的经济损失占国民生产总值的 $3\%\sim5\%$(上限包含间接经济损失);因腐蚀消耗的钢材大约为年产量的 $1/3$(其中不可回收利用的钢材约占总产量的 $1/10$)。另外仅海船而言,每年钢铁消耗量为 $500\sim570\ \mathrm{mg\cdot m^2}$,一艘 50 万 t 级的船,每年因腐蚀而消耗的钢铁便高达 $40\ \mathrm{t}$。虽然因腐蚀造成的经济损失大约相当于水灾、火灾、风暴和地震等自然灾害损失总和的 6 倍,但因为这种损失不像上述自然灾害那样比较集中,人们对腐蚀造成的危害没有给予特别重视。同时,海上作业舰载飞机和水上飞机也出现过修复腐蚀损伤的费用超过飞机造价而提前报废的情况。随着我国经济的迅猛发展,腐蚀所造成的经济损失势必逐年上升,必须采取适当的防护措施对构筑物进行有效防护、控制腐蚀,尽量减少经济损失。

海水腐蚀不仅造成经济上的损失,对人类生命安全的影响亦不可估量。据报道,在日本发生过 5 万 t 级运输船因为腐蚀损伤而突然沉没的事故,其沿海地区某石油厂也发生过储罐腐蚀开裂导致大量重油入海造成的严重污染事件。在美国俄亥俄河上发生过使用 40 年的铁桥塌落致使 46 人丧生的灾难性事故。美国国家标准局在调查中,发现桥梁承载区存在深度超过 $3\ \mathrm{mm}$ 的蚀孔,确定造成事故的直接原因是蚀孔处发生的应力腐蚀开裂。2010 年 4 月,英国石油公司墨西哥湾"深水地平线"钻井平台海底阀门失效导致爆炸。爆炸发生后的 3 个月中,事故海域溢出超过 400 万桶海底原油,成为美国海域最严重的环境灾难。由于 $3\,000\ \mathrm{m}$ 深海环境十分复杂,历时 3 个多月,才堵住海底原油的泄漏。2013 年 11 月,山东省青岛市经济开发区的排水暗渠发生爆炸,造成的直接经济损失超过 7.5 亿元。经调查,事故的直接原因是输油管道与排水暗渠交汇处的管道由于腐蚀减薄造成破裂和原油泄漏。综上所述,海水腐蚀会导致设施及装备的结构损伤和使役寿命的缩短,是关系国计民生的重要问题。关键设施和装备的严重腐蚀还可能造成突发性灾难事故和环境污染,进而危及人民的生命财产安全。

目前,国家对发展海洋经济和海洋科技高度重视,海岸工程、海洋开采、水下工程等都是建设海洋强国战略的新兴热点产业。深海钻井设备、舰艇、深潜器和海洋空间站等新型高水平设施及装备的自主研发与制造是推进建设海洋强国战略的重要保障。同时,我国拥有漫长的海岸线和丰富的海岸带资源。近年来,随着国民经济高速发展,国内海岸工程、码头、跨海桥梁的建设体量增长迅速,各类结构材料的需求量也急速增加。国家规划建设的链式经济区带主要包括:环渤海经济区、黄三角经济区、山东半岛蓝色经济区、江苏沿海经济区、长三角经济区、珠三角经济区和海峡西岸经济区等。国家在布局近海海洋工程的同时,也在不断向远海和深海拓展海上设施建设。目前,我国大量已建和在建的各种海洋钢结构及钢筋混凝土结构设施主要应用在海洋油气田开发、港口建设、跨海大桥、海底管线、船舶工程和深海勘探等领域。该类设施在我国沿海一线和南海、东海等重点海域广泛分布,这些海域包含了海洋大气区、海洋飞溅区、海洋潮差区、海洋全浸区和海底泥土区等多种腐蚀环境,遭受着十分严重的腐蚀破坏。这些重大工程设施的安全运行受到了海水腐蚀及生物污损的严重威胁。但是,目前在用的多数海洋工程结构处在裸露或欠保护状态,导致其安全堪忧,腐蚀损失巨大。保障相关工程设施的耐久性和安全性,降低重大灾害性事故发生的可能性及危害性,提高上述重大工程设施的服役寿命,是我国在经济发展中亟待解决的关键共性问题。

近10年来,我国的海港、桥梁、隧道以及海岸工程建设发展迅速,沿海地区的钢结构及钢筋混凝土结构设施的体量高速增长。近年来竣工或在建的跨海大桥包括东海大桥、杭州湾跨海大桥、海沧大桥、舟山大陆连岛工程、上海长江大桥、胶州湾大桥等。海洋石油开采是我国海洋开发的重点之一,目前国家已有近200个海洋钢结构石油平台。在港口建设方面,已有重大港口设施如曹妃甸港矿石码头等。重大海洋工程设施的服役寿命一般设定为50年甚至上百年,然而,多种海水腐蚀环境因素的协同作用往往导致该类设施的服役寿命受到严重影响。据调查,我国部分海港码头设施在竣工十几年到二十年,钢筋就已发生锈蚀。据估算,我国钢筋混凝土腐蚀损失大于1 000亿元/年,大量在役临海设施临近腐蚀破坏的高风险期,这对正常的生产运营造成了严重威胁。这些设施亟待科学的缓蚀控制和修复,以避免造成严重的经济和社会损失。

1.3　铜及铜合金的海水环境应用

铜在25 ℃时的标准电极电位为$+0.337$ V,由于其电极电位很高,铜及其合金在工业、海洋及大气环境下都非常稳定,具有优异的耐腐蚀性能。由于海水具有极强的腐蚀性,为了保证海洋工程装备的服役稳定性,海洋工程材料往往需要具备以下特点:优异的力学性能;优良的耐海水腐蚀及冲刷性能;优异的耐磨损性能;优秀的耐海洋生物污染及腐蚀能力;根据其具体的使用需求具备相应的物理或机械性能;成本不宜过高。常用的工程金属材料(铸铁、碳钢、低合金钢以及铝合金等)的耐海水腐蚀性能均较差,且容易受到海洋生物(藤壶、贻贝、软体动物等)污损带来的危害。而铜及其合金在海水环境下不仅具有优异的耐腐蚀性能,还具有良好的抗海洋生物污损性能。这一方面是由于铜在海水中溶解时,会释放出具有毒性的铜离子,可以有效抑制或防止海洋生物的附着;另一方面是由于铜在海水中发生腐蚀后表面会形成腐蚀产物保护膜,此表面膜的外层为附着力差且疏松的 $Cu_2(OH)_3Cl$,不利于海水环境生物的附着。因此,铜及铜合金在海洋工程材料中应用广泛。

目前在海洋工程中,铜合金主要应用在以下几个方面:海水淡化装备(图1.4)、潮汐发电装备、深海开采平台、海水养殖系统及海洋舰船中的重要零部件。在中国、墨西哥、澳大利亚、阿尔及利亚、西班牙的大型海水淡化系统中铜合金的使用比例均超过 30%。铜合金在舰船行业中的使用率也非常高,其中诸如大型舰船中的冷凝器、换热器等重要部件大部分采用铜合金制成,据报道,世界上第一艘核动力舰船的铜合金用量达到了 30 t。应用最多的铜合金有白铜、锡黄铜、铝黄铜、锡青铜、铝青铜等。

图 1.4 海水淡化装备

①白铜。白铜是指以 Ni 为主要合金元素的铜合金,由于其具有优异的耐腐蚀性能,被广泛用于造船、化工及石油等工业。位于沙特地区的吉达(Jeddah)海水淡化厂平均海水日淡化处理量为 5 000 m³,其淡化处理设备中的冷凝管、蒸馏槽、换热器及隔墙等重要组件均采用铁白铜。在海洋材料领域中,白铜 B30 和B10 合金应用最为广泛,由于这两种合金同时具有良好的耐腐蚀性能、导热性能和抗海洋生物污损性能,常用于各类舰船及潜艇制造中的海水管系、滨海电厂的

热交换器装置及海水淡化工程中的冷凝器和散热器管等。B30 合金强度更高，可以承受更高流速的海水冲刷，但由于其成本非常高，目前主要用于对耐冲击腐蚀性能要求较高的工况下，例如冷凝管和多级闪蒸海水淡化装置的散热单元。B10 合金由于成本较低，应用较 B30 合金更为广泛，通过直接采用 B10 板或薄板对钢进行包覆，英国、芬兰、意大利和日本等国家大量采用 B10 合金制备船体的外壳，取得了非常好的耐生物污损效果。

②锡黄铜。锡黄铜是在简单黄铜（Cu－Zn 二元合金）中添加 1%（本书中合金添加元素含量均指质量分数）左右的 Sn 元素的铜合金，不仅可以有效改善其切削加工性能，还可以有效抑制黄铜的脱锌腐蚀，从而显著提高其在海水和海洋大气环境下的耐腐蚀性能，故有"海军黄铜"之称。锡黄铜在中等流速的洁净海水中耐腐蚀性能非常优异，主要用于船舶、热电厂用高强耐蚀冷凝管等。

③铝黄铜。铝黄铜是在简单黄铜（Cu－Zn 二元合金）中加入适量的 Al 元素后得到的铜合金，其强度和硬度不仅显著提高，而且由于其表面易形成氧化铝保护膜，还可以显著提高其耐腐蚀性能。与海军黄铜相比，铝黄铜在污染海水中仍具有较好的耐腐蚀性能，可以应用在更高流速的海水工况中。例如高强铝黄铜 ZCuZn21Al5Fe2Mn2 可用于制造舰船和油轮的螺旋桨。

④锡青铜。锡青铜是指以 Sn 元素为主要合金元素的铜合金，工业常用的锡青铜通常还含有一定量的 P、Zn、Pb 等合金元素。锡青铜铸造性能优异，且具有良好的耐腐蚀性能，被广泛用于舰船泵体、阀门和海洋化工等方面。例如牌号为 ZCuSn3Zn8Pb6Ni 的锡青铜为典型的海水泵阀材料，由于在高压下容易渗水，因此多在压力较低的工况下使用。

⑤铝青铜。铝青铜是指以 Al 元素为主要合金元素的铜合金，通常 Al 元素含量为 5%～11%。简单铝青铜中仅含 Al 合金元素，在简单铝青铜中加入 Ni、Fe、Mn、Si 等合金元素，可以改善其强度、韧性和耐腐蚀性能等，其中，镍铝青铜以较好的耐海水腐蚀性能及耐空泡腐蚀性能成为目前几乎所有大型船舶螺旋桨的主要材质，只有少量的高速舰船采用性能更好、价格更高的铍青铜螺旋桨。同样因为镍铝青铜具有较好的综合性能，海洋工程中的海水管道、泵、阀门组件等也都使用此材料。镍铝青铜的典型应用如图 1.5 所示。

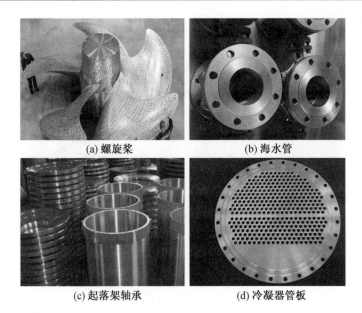

(a) 螺旋桨　　　　　　　　　(b) 海水管

(c) 起落架轴承　　　　　　　(d) 冷凝器管板

图 1.5　镍铝青铜的典型应用

由以上分析可以发现,铜合金在海洋工程领域发挥着不可替代的作用,其用量之大也预示着铜合金的防护与维护任务十分艰巨且势在必行。

第2章 铜及铜合金海水腐蚀行为

2.1 海水腐蚀的影响因素

对于金属在海水环境下的腐蚀,其腐蚀性因素可总结为三类,即物理因素、化学因素和生物因素。物理因素主要包括温度、洋流、浊流、波浪、潮汐、气泡、悬浮物及压强等;化学因素包括盐度、pH、氧化还原电位、硫电位、有机物含量、溶解气体以及海水中存在的各种化学反应平衡等;生物因素包括附着生物以及微生物的种类与数量等。铜及铜合金在海水环境中的腐蚀不仅受介质的影响,还与脱成分腐蚀、晶间腐蚀、应力腐蚀、缝隙腐蚀等材料内部的腐蚀行为有关。

本节主要介绍对铜及其合金腐蚀产生重要影响的海水环境因素。

2.1.1 温度对腐蚀行为的影响

由于时间和空间差异,海水的温度变化幅度较大。随着纬度的变化,从两极到赤道,相关海域表层海水温度的变化范围在 0~35 ℃。同时,海水温度会随着深度的增加而下降,海底的水温接近 0 ℃。随着季节导致的气候变化,表层海水温度也会呈周期性变化。这种影响在气候受季节影响较大的温带海域比较明显,水温变化幅度在 20 ℃以上。但是,海底水温基本不随季节而变化。从动力学角度分析,海水温度升高,会加快极化过程的反应速度。同时,海水温度变化也会引起其他环境因素的变化。水温升高、氧的扩散速率加快,海水的电导率会增大,进而加快腐蚀进程。另外,水温升高会降低海水中氧的溶解度并促进保护性钙质水垢的生成,进而减缓腐蚀进程。因此,温度对腐蚀的影响机制较为复杂。海水冲刷腐蚀也会受到温度影响。材料的冲刷腐蚀速率均随温度而变化。对于在海水中会发生钝化的金属,以不锈钢为例,其钝化膜的稳定性会随温度升高而下降,点蚀、缝隙腐蚀倾向及应力腐蚀敏感性增加。同时,海洋生物活性随温度升高而增强,从而附着量增加,进而更易诱发钝性金属的局部腐蚀。

2.1.2 流速和波浪的影响

海水腐蚀的主要机理是氧去极化反应,氧到达阴极表面的扩散控制腐蚀进程。海水流速和波浪会改变供氧条件,从而对腐蚀产生重要影响。图 2.1 反映了海水流速对钢铁在海水中腐蚀速率的影响。在 a 段,随流速增加,氧扩散加速,腐蚀速率增大,阴极过程受氧的扩散控制。在 b 段,流速进一步增加,供氧充分,阴极过程不再受氧扩散控制,流速影响效果减弱,氧还原的阴极反应成为主要控制因素。

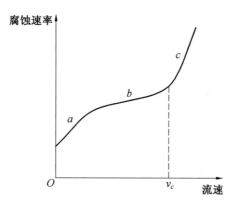

图 2.1　海水流速对钢铁在海水中腐蚀速率的影响

在 c 段,流速超过临界值 v_c 时,海水会冲刷掉钢铁表面的腐蚀产物膜,其基体也受到机械性损伤。受到腐蚀和机械力的共同破坏,钢铁的腐蚀速率急剧增加。上述规律同样适用于铜,但是其表面腐蚀产物膜的保护效果更好,表现为,铜在低流速条件下的腐蚀速率很小。同时,不同材料的临界流速也有较大差异,低碳钢为 $7\sim8$ m/s,纯铜仅为 1 m/s,含砷铝黄铜为 3 m/s,70/30Cu-Ni 合金为 4.5 m/s。低流速环境下,冲蚀、磨蚀可以忽略,主要腐蚀形式为电化学腐蚀。碳钢、低合金钢、铸铁等不能在海水中钝化的金属,随海水流速增加,其腐蚀速率加快。对于不锈钢、铝合金、镍基合金和钴合金等在海水中能钝化的金属,在一定范围内提高海水流速会促进其钝化,进而提高其耐蚀性。

当海水流速超过某临界值时,其附加机械作用会加剧腐蚀进程。海水流速越大,悬浮固体颗粒越多,冲击腐蚀越严重。海水的流动方式也会影响冲击腐蚀。层流状态下,沿管道截面的速度分布稳定。湍流状态下,稳态速度分布被破坏,接触金属表面的海水流速增大,冲击腐蚀加剧,例如管道拐弯处和管道入口处常见的冲击腐蚀损伤。这类冲击腐蚀又称腐蚀磨损,主要为海水对金属保护膜(钝化膜或腐蚀产物膜)造成机械损伤而引起的破坏。这种情况下,金属晶体组织的破坏形式仍是电化学腐蚀,由于高速流动海水的搅拌作用,裸露金属表面的电化学反应速度增加明显。

在海水流动速度非常快的情况下,金属表面受到强烈机械冲击,保护膜和基体结构均会出现机械性破坏。这种破坏能达到惊人的速度,称为空泡腐蚀或称腐蚀性空化,常出现于水轮机叶片、舰船螺旋推进器及流速很高的泵或海水冷却装置。高速转动的水轮机叶片、船舶螺旋桨会产生不均匀的流体压力分布,进而在金属表面的低压区域形成流体空泡。崩破的空泡会产生高压冲击波,压强可达 40 MPa。软金属的表面层(20~40 pm)会发生高速塑性变形,韧性差的金属表层会发生崩落。上述情况的持续循环会造成金属表面层的累积损伤,即金属表面的微观腐蚀疲劳。空泡腐蚀是力学因素和化学因素协同作用造成的。冲击波破坏金属表面保护膜加快蚀坑出现,蚀坑造成金属表面粗糙,促进空泡形核。同时,蚀坑导致应力集中促进局部表面崩落。因此,独立分析力学因素和化学因素对腐蚀的影响是十分困难的。

实验表明,增强介质侵蚀性会加剧空泡腐蚀,增强材料耐蚀性会减轻空泡腐蚀,阴极保护方法能够在相当程度上抑制空泡腐蚀。由此可见,空泡腐蚀具有较明显的电化学腐蚀特征。增强耐蚀性和硬度(强度)能够提高合金的抗空泡腐蚀能力。波浪对腐蚀的影响机理与海水流速相似。波浪撞击金属表面形成海水飞溅区,该区域的海水充气良好,具有较高腐蚀性。高风速会产生更大的波浪,海水飞溅区范围增大并产生强烈冲击,进而造成磨耗与腐蚀的联合作用,致使金属表面保护膜(涂层)遭到破坏,使腐蚀速率增加。但是,对于不锈钢等钝性金属,波浪会增加氧的供应,有利于金属形成更稳定的钝化膜。根据不同金属的腐蚀对流速敏感程度的差异,可以将工程金属材料分为 4 类:①钛合金和镍铬钼合金(如哈氏 C 合金),无论流速高低,耐腐蚀性皆优;②镍基合金、不锈钢等,流速高时耐腐蚀性较好,流速低时耐腐蚀性较差;③铜合金,流速低时耐腐蚀性较好,流速高时耐腐蚀性变坏;④钢铁,无论流速高低,耐腐蚀性均较差。

2.1.3　海洋生物的影响

据统计,海洋环境中生活的各种海洋生物至少有 20 万种。海洋生物的生命活动会改变金属-海水的界面状态和介质的性质,其对腐蚀机理的影响不容忽视。由此可见,金属在海水中的腐蚀是金属、溶液、生物群等要素互相作用的结果。各类生物中,对海水腐蚀影响较大的是附着生物。金属进入海水数小时后,其表面会被附着一层生物黏液。附着生物以微小胚胎形式到达并牢固附着在黏液覆盖的表面,附着方式主要有两种:①通过固化的新液层附着(水螅的蝇肉);②通过含有硅酸盐或石灰质化合物的黏合性物质附着。常见附着生物有两类:

(1)硬壳生物:环节动物、藤壶、结壳苔藓虫、软体动物、珊瑚虫。

(2)无硬壳生物:海藻、丝状苔藓虫、腔肠动物或水螅虫、被囊动物、钙质和硅质海绵动物。

生物附着与污损是影响海洋结构效能的重要因素之一。生物造成的额外污损使金属结构过载,导致浮标丧失浮力;生物附着使船体航行阻力增大,导致航速降低;生物附着海水管道而堵塞水流,导致热交换器传热效率降低。生物对腐蚀的影响机制很复杂。附着生物覆盖钢结构表面会阻止氧的运输,进而减缓腐蚀。由于完整致密的附着生物覆盖层较难形成,所以附着生物覆盖只能起到局部保护,表现为钢的平均腐蚀失重减少。对于钝性金属,如不锈钢等,生物附着会导致点蚀和缝隙腐蚀倾向增加。通常,生物附着会造成的破坏情况如下。

(1)生物附着层不完整、不均匀。

该情况较为常见,此时,金属发生局部腐蚀,附着层内外可能产生氧浓差电池反应。例如,在藤壶的壳层座与金属表面的缝隙中发生的缝隙腐蚀。

(2)生物活动导致海水局部成分变化。

例如,附着藻类的光合作用增加局部海水的氧浓度而加速腐蚀。生物呼吸排出的 CO_2 和遗体分解形成的 H_2S 也会加速腐蚀。

(3)附着生物的增殖生长。

某些生物的生长可能会穿透和破坏金属结构的保护层,如油漆涂层、缓释涂层等。某些生物对保护层的附着力甚至大于涂层与金属间的结合力,在机械载荷(如波浪冲击等)作用下,附着层与保护层一起剥落,导致保护层的破坏。

海洋生物污损还与环境有关。热带海域温度高,生物生长旺盛且生命活动活跃,生物污损严重;两极海域温度低,基本不存在生物污损;表层海水比深海洋生物污损严重;近岸海水生物污损也较严重。

海洋环境中,在附着生物与金属间的锈层处、在附着生物遗体黏附的金属表面,以及在海泥中均存在缺氧环境,这种环境促进了硫酸盐还原菌等厌氧菌类的繁殖而导致微生物腐蚀。如表 2.1 所示,海泥中的硫酸盐还原菌会大幅加快钢铁的腐蚀。应用耐腐蚀材料(如不锈钢)能够抑制细菌腐蚀。铜离子具有毒性,所以铜及铜合金能够抑制附着生物及微生物生长。普通钢和铸铁抗细菌性腐蚀能力最差。

表 2.1　硫酸盐还原菌在 35 ℃海泥中对钢铁腐蚀速率的影响

环境	腐蚀速率/$(mg \cdot dm^{-2} \cdot d^{-1})$		
	钢	铸铁	不锈钢(Cr18Ni9)
无菌	1.7	2.0	微量
有菌	37.0	47.5	微量

2.1.4　盐度对腐蚀行为的影响

海水中溶有大量盐类,其中以氯化钠(NaCl)为主,因此,人们常将海水近似为 3% 或 3.5% 的 NaCl 水溶液。海水含盐量一般用盐度(1 000 g 海水中溶解的固体盐类物质的总质量)或氯度(1 000 g 海水中含卤族离子的质量)表示,常用百分数或千分数表示。

除北冰洋外,世界上其他大洋在南半球完全连通,该海域海水的总含盐量和各类盐的相对占比无明显差异。开阔洋面的表层海水盐度典型变化范围是 32‰～37.5‰,大洋海水的盐度平均值通常取为 35‰(相应氯度为 19‰)。盐度为 35‰ 的大洋海水的盐类主要组成和各种离子含量见表 2.2。

表 2.2   盐度为 35‰ 的大洋海水中的盐类主要组成和各种离子含量

盐类组分	含盐量/$(g \cdot kg^{-1})$	离子组成	离子含量/‰	离子相对含量/%
氯化物	19.353	Cl^-	18.980	55.04
钠	10.760	Na^+	10.556	30.61
硫酸盐	2.712	SO_4^{2-}	2.649	7.68
镁	1.294	Mg^{2+}	1.272	3.69
钙	0.413	Ca^{2+}	0.400	1.16
钾	0.387	K^+	0.380	1.10
重碳酸盐	0.142	HCO_3^-	0.140	0.41
溴化物	0.067	Br^-	0.065	0.19
锶	0.008	Sr^{2+}	0.013	0.04
氟	0.001	F^-	0.001	0.003
硼	0.004	—	—	—
总计	35.141	—	34.456	99.923

海水的盐度分布取决于该区域的地理、水文、气象等因素,如蒸发、降水、结冰、融冰、海流及河流等。受地区、纬度、海水深度等因素的影响,海水盐度会在一个不大的范围内波动。

我国近海的盐度平均值约为 32.1‰。处于纬度较高的渤海海区海水盐度较低。黄海、东海一般在 31‰～32‰ 之间;处于纬度较低的南海盐度较高,平均值为 35‰。随海水深度增加,海水含盐量略有增加。

在内海和相对孤立的海洋中,海水的总盐度和组成波动较大。其中,盐度最高可达 4%,最低不足 1%。江河入海处的海水会被稀释和污染,总盐度和盐类组成的变化较大。

溶液的电导率和含氧量受含盐量直接影响,则腐蚀行为必然受到影响。随着溶液含盐量的增加,其电导率增加而含氧量降低。因此,在腐蚀速率与溶液含盐量的关系曲线中必然存在拐点,即某含盐量对应的最大腐蚀速率。然而,由于海水组成的复杂性,海水含盐量对腐蚀速率的影响规律与 NaCl 浓度影响规律存在差异。以江河入海处或海港为例,该区域的海水由于稀释作用,含盐量较低,却可能表现出较高腐蚀性。出现该类现象的原因是,大洋海水存在碳酸盐饱和析出,钢表面会沉积一层碳酸盐水垢保护层。稀释海水的碳酸盐未达到饱和,无法形成水垢保护层。被污染海水中的硫化物或氨能增强海水对铜基合金和钢铁的腐蚀作用。

大洋海水的盐度波动不大,导电性、含氧量、碳酸盐含量及海洋生物活性等受其影响较小,腐蚀电化学过程也几乎不受影响。因此,大洋海水盐度的微量变化不会明显影响钢铁腐蚀行为。

海水的盐度可以通过测量电导率得到。氯的浓度对海水电导率影响最大,Cl^- 是对金属腐蚀影响最大的离子。已知的 Cl^- 腐蚀破坏作用包括:吸附破坏钝化膜、形成电场和参与反应形成络合物。

海水电导率的增大会使海水含氧量减小,而含氧量减小会降低腐蚀速率,因此,金属在某电导率下的海水中的腐蚀速率存在最大值。电导率增大,离子和电子的传递速率会加快,即溶液电阻降低,金属的腐蚀进程加快。

2.1.5　pH 对腐蚀行为的影响

海水的 pH 在 7.5~8.6 之间,由于植物的光合作用,表层海水的 pH 略高,一般为 8.1~8.3。这也反映了海水和大气中主要离子间的平衡关系。海水的pH 主要受海水中CO_3^{2-}、HCO_3^- 和游离 CO_2 含量影响,表现为游离 CO_2 含量越多,CO_3^{2-} 含量越少,海水 pH 越低。海水的温度、盐度升高,或者大气中 CO_2 分压降低,海水中 CO_2 含量下降,pH 增加。海生植物经光合作用,放出氧并消耗CO_2,pH 增加。在植物生长非常茂盛的海域,pH 可能超过 9。海洋有机物的分解会消耗氧并产生 H_2S,CO_2 含量增加,pH 降低。深度对 pH 的影响规律与氧浓度相似。水下 700 m 左右,有机物分解最活跃,含氧量最低,CO_2 含量最高,pH最低可达 7.5 左右。有厌氧性细菌繁殖的海域,氧含量很低而且含有 H_2S,pH甚至会低于 7。

一般情况下,海水 pH 升高,有利于缓解海水对钢铁的腐蚀。但是,海水 pH波动不大,其对腐蚀的影响程度远不及含氧量。所以,在表层海水 pH 和含氧量均高于深处海水的情况下,其对钢铁的腐蚀性比深处海水大。海水的 pH 主要通过影响钙质水垢沉积而影响腐蚀性。海水中,碳酸盐一般处于饱和状态,pH 的微小变化也会明显影响碳酸钙水垢沉淀。pH 升高会促进钙沉积而形成减缓腐蚀的保护层。施加阴极保护条件下,阴极表面处海水 pH 会升高,这有利于腐蚀防护。

2.1.6　电导率的影响

海水含盐量高,全部盐分几乎均以电离状态存在,是高导电性电解质溶液(平均电导率约为 $4×10^{-2}$ S/cm)。盐度和温度是海水电导率的主要决定性因素,两者的升高均能使海水电导率明显增加。图2.2所示为海水的电导率与氯度的关系。一定温度下,电导率随氯度(盐度)增加而升高。一般情况下,海水盐度变化幅度不大,海水电导率主要受温度的影响。表2.3列出了氯度为19‰(对应盐度35‰)的海水在不同温度下的电导率和电阻率。

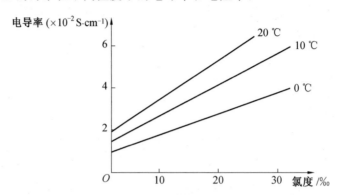

图2.2　海水的电导率与氯度的关系

表2.3　氯度为19‰的海水在不同温度下的电导率和电阻率

温度/℃	10	15	20	25
电导率/(mS·cm⁻¹)	37.4	42.2	47.1	52.1
电阻率/(Ω·cm)	26.8	23.7	21.2	19.2

　　由于海水导电性良好,因此在海水腐蚀过程中,宏/微观电池腐蚀的活性都很大。海水中异种金属接触时更容易产生作用范围更大的电偶腐蚀,例如:海船青铜螺旋桨能够引起数十米远处钢制船体的电偶腐蚀。此外,采用阴极保护方法保护海洋钢结构时,海水的高电导率,电流分散程度大,保护范围更宽,保护效果更好。随海水电导率增加,金属的宏/微观电池腐蚀都将加速。

2.1.7　溶解物质——氧、二氧化碳、碳酸盐的影响

　　(1)氧的影响。

　　海水的盐度和温度决定了含氧量。若绝对温度和盐度已知,则溶解氧的平衡含量就可以通过计算得到。海水含氧量增加,会加快海水中不易钝化金属的腐蚀速率,而对于易钝化的金属,含氧量的增加会加速金属表面钝化膜的生成,反而会降低金属的腐蚀速率。

　　大多数金属在海水中的腐蚀形式为氧去极化腐蚀,海水中的含氧量是影响其腐蚀性的重要因素。同时,随环境条件变化,海水含氧量的波动幅度较大。含氧量主要受盐度和温度影响,其会随海水盐度增加或温度升高而降低。表2.4

为不同盐度的海水在不同温度下的含氧量。海水的盐度变化不大,因此含氧量主要受温度影响。温度由 0 ℃ 上升到 30 ℃,含氧量几乎减半。

表 2.4　不同盐度的海水在不同温度下的含氧量　　　　　mL/L

温度	盐度					
	0.0%	1.0%	2.0%	3.0%	3.5%	4.0%
0 ℃	10.30	9.65	9.00	8.36	8.04	7.72
10 ℃	8.02	7.56	7.09	6.63	6.41	6.18
20 ℃	6.57	6.22	5.88	5.52	5.35	5.17
30 ℃	5.57	5.27	4.95	4.65	4.50	4.34

由于海水表面与空气接触,大气中有充足的氧溶入海中,在海浪持续机械搅动与强自然对流作用下,海水外层(约 20 m)被氧饱和,即使约 100 m 深度的海水依然充气良好。部分日照强度高、海生植物光合作用强的海域的近表层海水含氧量可能达到过饱和状态。海水含氧量会由于纬度变化而存在差异。高纬度海区,终年温度和盐度均较低,所以含氧量较高,低纬度海区则相反。

图 2.3 为海水含氧量随海水深度的变化。在美国西海岸的太平洋海域,该数值由表层海水的 5.8 mL/L 降至 0.3 mL/L,最低值出现在中层 700 m 左右深处。原因是缓慢下沉的腐烂生物消耗了大量的氧,导致含氧量下降。同时,在该区域的深海处有北极海底洋流供给的含氧海水,所以 700 m 以下海水含氧量有所升高。美国东海岸大西洋海域的海水含氧量整体较高:表层为 4.59 mL/L;700 m 处最低,为 3.11 mL/L;1 500 m 处为 5.73 mL/L。专家认为,大西洋中微生物总的种群数要少得多,生物耗氧量明显减少。

海水中的含氧量也会随时间而变化,其受季节影响的本质是温度随季节变化而影响了氧在海水中的溶解,即冬季温度低,含氧量高;夏季温度高,含氧量低。昼夜海水含氧量变化则与植物的光合作用有关。同时,被污染海水的含氧量降低。

氧是金属海水腐蚀的去极化剂,若海水中不含氧,则金属不会被腐蚀。氧对各类金属的腐蚀作用效果不同:对于在海水中不发生钝化的金属,如碳钢、低合金钢和铸铁等,含氧量增加会加速阴极去极化过程,进而加速腐蚀;对于钝化金属,如铝和不锈钢等,含氧量增加会促进钝化膜的形成和修补,进而提高钝化膜稳定性,其发生点蚀和缝隙腐蚀的倾向性会减小。钢的腐蚀速率与含氧量成正比。实验表明,海水含氧量达到一定数值(实验数据为 4.5 mL/L)而满足扩散过程的需要时,含氧量的有限变化不会明显影响钢的腐蚀速率。原因是其腐蚀速率取决于透过扩散层到达阴极表面的氧的多少,在海水流速和温度一定时,氧穿过扩散层的能力一定,仅增加含氧量无法加速腐蚀。

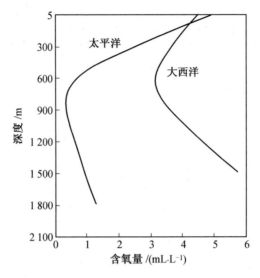

图 2.3　海水含氧量随海水深度的变化

金属在海水中的电极电位随海水中氧浓度增加而升高,氧去极化腐蚀的极化图可以很好地解释这一现象。资料显示,Q235 钢(A3)在 30 ℃人造海水中静止浸泡 30 天的电位为 -757 mV(Ag/AgCl 电极),其他条件不变,通入空气并达到饱和状态,其电位为 -686 mV(Ag/AgCl 电极)。金属表面各处的氧浓度不同会形成氧浓差腐蚀电池,低氧浓度表面作为阳极而腐蚀加快,高氧浓度表面作为阴极得到保护。例如:竖在海水中的钢板桩在潮差区与平均低潮线附近的全浸区会发生氧浓差腐蚀电池反应,实测结果见表 2.5。实验采用两块 300 mm×300 mm×6.5 mm 钢板试样,一块置于高潮线和低潮线之间(阴极),一块浸在低潮线以下(阳极),开路状态下测定两者电位差,电路接通后测定耦合电流。随时间延长,开路电位差和氧浓差电流均增大。全浸区试样腐蚀加剧,潮差区试样腐蚀减轻。

表 2.5　浸于潮差区和全浸区钢试样的电位差和电流

时间	开路电位差/mV	耦合电流 强度/mA	耦合电流 密度/(μA·cm^{-2})
开始时	44	21	22.6
4 个月后	181	57	61.4

(2)二氧化碳的影响。

海水中溶有大气所含的各种气体,除氧和氮之外,大气中含量高的 CO_2 在海水中含量也很高。CO_2 溶于水的同时与水化合,形成碳酸根和碳酸氢根离子。海水中游离态 CO_2 气体的溶解量很少,主要以碳酸盐和碳酸氢盐的形式存在,并以碳酸氢盐为主。CO_2 气体在海水中的溶解度随温度、盐度的升高而降低,随大气中 CO_2 气体分压的增加而升高。

生物作用和海流运动等因素也会影响海水中溶解的 CO_2 气体含量。植物的光合作用吸收 CO_2,使海水 pH 升高;海洋生物呼吸放出 CO_2,使海水 pH 下降。缺氧海水环境下,游离 CO_2 含量较高,pH 可接近 7.5(海水 pH 的最低限)。游离 CO_2 含量也会随季节而变化:夏季植物光合作用强烈,CO_2 含量少;冬季光合作用较弱,CO_2 含量多。海水 pH 主要受游离 CO_2 含量影响,其有限的变化不会明显影响金属腐蚀。

（3）碳酸盐的影响。

海水中的碳酸盐对金属腐蚀过程有重要影响。除 CO_2 与水化合生成 CO_3^{2-} 外,海洋生物新陈代谢及尸体分解也会产生碳酸盐,某些含碳酸盐的矿物及岩石溶解也会增加海水中的碳酸盐含量。普通海水的碳酸盐溶解量常处于饱和态。由于碱度增加,在微电池的微阴极表面、电偶对的正电性金属表面和阴极保护系统的阴极表面会形成不溶于水的沉积碳酸盐保护层(主要成分是 $CaCO_3$)。海水全浸时钢表面钙沉积物的组成见表 2.6。海水 pH 增加和温度升高会促进钙沉积层的形成。该沉积层电阻较高并阻碍氧向阴极表面扩散,进而减小有效阴极面积,能够抑制腐蚀进程。施加阴极保护时,被保护表面的钙沉积层可以降低所需保护电流密度,使保护电流更加分散。当短时间中断阴极保护电流时,钙沉积层能够继续提供保护。

表 2.6　海水全浸时钢表面钙沉积物的组成

组成物	质量分数/%	组成物	质量分数/%
碳酸钙	57	碳酸氢钠	5
硫酸钙	3	不溶含硅化合物	8
氧化铁	19	水及其他	5
碳酸镁	3		

2.2　海水腐蚀原理

海水腐蚀是金属与周围环境发生(电)化学反应而造成的一种破坏。金属本身的性质决定是否发生腐蚀。自然界中的任何一种元素都存在一种最稳定的状态,即能量最低态。若采用某种方法(如化学方法、电化学方法等)使其处于能量较高状态,则该元素就具备了恢复到稳定态需要释放的能量,在一定条件下会自发回到稳定态。

很多金属元素,例如铁、铜、镁等在自然界中的稳定态是氧化态,它们主要以化合物(矿石)形式存在。冶炼过程中,该类元素吸收并储存一定能量变为中性金属态。相较于氧化态,金属态是具有较高能量的不稳定状态。在一定条件下,金属会自发释放能量回到更稳定的氧化态。从热力学角度分析,上述转变过程的反应方向可以用 ΔG(吉布斯自由能变化量)进行定量描述。

依据热力学理论,海水腐蚀的自发进行是由于金属与周围介质构成了不稳定热力学体系,该体系具有自发向稳定状态转变的倾向,不同金属的转变倾向性高低存在差异,甚至相差很大。根据热力学第二定律,该倾向性能够通过腐蚀反应前后的吉布斯自由能变化 $\Delta G_{T,p}$ 进行定量描述:若 $\Delta G_{T,p} < 0$,则该反应可以自发进行,且 $\Delta G_{T,p}$ 绝对值越大,自发反应的可能性越高,金属在该状态下越活泼;若 $\Delta G_{T,p} > 0$,则该反应不可能自发进行,且 $\Delta G_{T,p}$ 绝对值越大,反应的可能性越低,金属越稳定。从热力学定律可知,在恒温和恒压下,可逆过程所做的最大非膨胀功等于反应自由能的减少。

金属结构在海洋环境中的主要腐蚀类型为:均匀腐蚀、点蚀、缝隙腐蚀、湍流腐蚀、冲击腐蚀、空泡腐蚀、电偶腐蚀等,各类腐蚀行为一般与结构设计或冶金因素有关。

2.2.1　均匀腐蚀

均匀腐蚀是指在金属表面几乎以相同速度进行的腐蚀,一般属于微观电池腐蚀,该类腐蚀区别于全面腐蚀。例如,全面点蚀是指在金属表面所生成的腐蚀孔密度非常高的腐蚀状态,其发生条件与均匀腐蚀不同。

在中性 pH 区间,裸钢的均匀腐蚀速率约为 0.2 mm/年,含有石墨碳铸铁的腐蚀速率为 0.1~0.2 mm/年,当金属表面形成保护膜后,其腐蚀速率降低。

均匀腐蚀一般发生在阳极区和阴极区的过渡区域。图 2.4 中,根据氧化剂的还原速度(i_c)可以推算得到腐蚀速率(i_a)。经测定,该数值随着时间变化不大,即均匀腐蚀下的材料服役寿命比较容易预测。由此腐蚀速率可以有效控制和管理,腐蚀速率的余量可以较准确地估算。同时,在腐蚀速率明显增大时应当调查是否存在非均匀腐蚀现象,并在查清原因后采取有效防护措施。

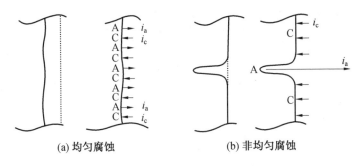

(a) 均匀腐蚀　　　　　　　(b) 非均匀腐蚀

图 2.4　均匀腐蚀与非均匀腐蚀

2.2.2　点蚀

金属表面局部区域内出现纵深发展的腐蚀小孔称为点蚀或孔蚀,表面其余区域往往无明显腐蚀迹象。蚀孔形成后,便具有"深挖"的动力,即向纵深方向自动加速腐蚀的作用,因此点蚀会造成极大的隐患和破坏。暴露在海洋大气中的金属,其发生点蚀的诱因可能是分散的盐粒或大气污染物。夹杂物、偏析、保护膜破裂和表面缺陷等表面问题或冶金因素也会引起点蚀。表面有钝化膜或阴极性镀层的金属容易发生点蚀。

在全浸条件下,引发点蚀的环境因素一般包括:①海水相对停滞;②重金属离子(如 Cu^{2+} 易引起铝的点蚀);③外来物质的局部沉积或污损生物附着。点蚀类似于缝隙腐蚀,对点蚀敏感的金属通常对缝隙腐蚀也是敏感的。

点蚀是一种阳极反应的独特形态,是一种自催化过程,即蚀孔内的腐蚀行为能促进并维持蚀孔的活性。如图 2.5 所示,金属在含空气的海水中发生点蚀,蚀孔中的金属迅速溶解,邻近表面发生氧的还原。蚀孔内的金属溶解会产生大量正电荷,需要 Cl^- 迁入以维持电中性。因此,蚀孔内金属氯化物(如 $FeCl_3$ 等)浓度较高,其水解会导致 H^+ 浓度升高。H^+ 和 Cl^- 均能促使金属溶解,而氧在该类溶液中浓度极低,故形成了氧浓差电池。蚀孔使金属表面其余部分成为阴极而受到保护,使点蚀越来越深。对于不锈钢等钝化金属,其钝化膜破裂时会具有点蚀倾向(点蚀胚)。开裂处的小面积会成为微电池的阳极,氧化膜其他区域成为阴极(图 2.5)。同时,钝化金属若吸附灰尘污物或藤壶等海洋生物,受海浪冲击、安装划伤或附有不良的废漆膜时,会出现局部缺氧,引起小面积的氧化膜破损。因此,不锈钢结构常会在放入海中一个月内发生点蚀且腐蚀速率越来越快,难以自行抑制。

表 2.7 为各种金属在海水中的点蚀特性,不锈钢是最易发生点蚀的材料之一,而铜合金通常不易发生点蚀。同时,不锈钢在流动的海水中可以减少或避免点蚀,铜在静止的海水中也能避免点蚀。

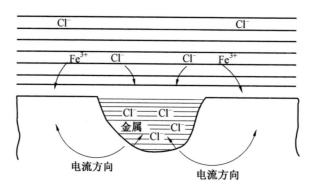

图 2.5　点蚀机理示意图

表 2.7　各种金属在海水中的点蚀特性

金属	点蚀特性
锌、铝、钢铁	点蚀不严重,仅为全面腐蚀时形成的一些肤浅的凹穴,但有氯化膜的黑铁板等则可能发生严重的点蚀
铸铁、铝合金、黄铜、锰合金	无点蚀问题,但在海水中存在合金选择腐蚀问题
奥氏体铸铁、镍铝青铜、炮铜、铜镍合金、钢、加砷等阻蚀剂的铝黄铜、铅	无点蚀或点蚀问题不大
蒙乃尔合金 400、304 不锈钢、镍、镍铬合金、316 不锈钢、蒙乃尔合金、825 型合金、20 型合金	点蚀是这些金属腐蚀的主要形式,这里说明了易发生点蚀的顺序,即蒙乃尔合金 400 最易发生点蚀,304 不锈钢次之……蒙乃尔合金、825 型合金、20 型合金点蚀倾向最小,对于后面的金属,用阴极保护法能更有效地防止点蚀
C 型合金、625 合金、镍铬钼合金、钛	基本不发生点蚀和其他腐蚀

环境的酸碱度也是影响点蚀的因素之一。经证实,不锈钢表面的水为碱性时,点蚀倾向降低,这有利于阴极保护法(但铝易受碱的腐蚀)。

对于易发生点蚀的金属常采用的阴极保护法有两类:一是自然阴极保护法,即将被保护金属与大面积的成本低且活性较高的金属(如铁和铝等)接触,例如用不锈钢螺钉固定铝板;二是牺牲阳极法或大面积的外加电流阴极保护法。同时,防锈润滑脂也能起到一定保护作用。例如,金属保护层会在铰螺纹时被破坏,其发生点蚀和缝隙腐蚀的倾向增加,使用防锈润滑脂可以避免腐蚀。润滑脂含有吸水剂、缓蚀剂和氧化锌类物质,既能防止水的侵入,其含有的少量锌元素也可以提供一定的阴极保护。

如果机械零件因点蚀而穿孔报废,使用新型环氧型或聚氨酯型腻子(密封材料)填充腐蚀孔,可以整旧如新,是一种经济的维修办法。

2.2.3　缝隙腐蚀

浸在海水(或其他腐蚀介质)中的金属表面,其缝隙和其他隐蔽区域内常发生强烈的局部腐蚀,这类腐蚀属于缝隙腐蚀。在海洋条件下,缝隙腐蚀常出现在垫片底部、搭接缝处、表面沉积物底部及螺帽和铆钉下的缝隙内等常积存海水和潮湿的海盐的位置。缝隙腐蚀的原理和点蚀相似,即缝隙内为阳极,缝隙外为大面积的阴极,从而形成腐蚀电池。缝隙内富集氯离子并产生氢离子,导致局部pH降低。因此,点蚀倾向高的材料,其缝隙腐蚀倾向也较高,如不锈钢。图2.6所示为缝隙腐蚀的原理。

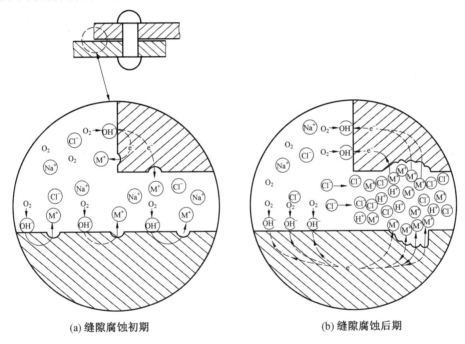

(a) 缝隙腐蚀初期　　　　　　　　　　(b) 缝隙腐蚀后期

图 2.6　缝隙腐蚀的原理

缝隙腐蚀所造成的危害通常比点蚀更大。在阳极极化曲线中,缝隙腐蚀的电位比点蚀电位更低,即极限缝隙电位低于极限点蚀电位。同样条件下,缝隙腐蚀可能比点蚀有更大的腐蚀电位差或更强的腐蚀电流密度。但是,缝隙会限制质量迁移,只要保护膜开裂,金属氯化物浓度增加,溶解氧被消耗,pH下降,蚀孔便可以扩展,如图 2.6 所示。点蚀深孔底部与缝隙腐蚀的缝隙内部的环境十分相似。通常,海洋全浸区或海洋飞溅区的缝隙腐蚀最为严重。通常情况下,靠氧化维持钝化态的材料对缝隙腐蚀较敏感,如不锈钢和某些铝合金。

当缝隙内修复或维持钝化膜的耗氧速度大于氧的扩散速度时,缝隙下面出现快速腐蚀的趋势。腐蚀的驱动力是氧浓差电池反应,缝隙外侧同含氧海水接触的表面是阴极。依据电化学相关理论,阴极与阳极的电流值必须相等。缝隙下阳极的面积通常较小,故局部腐蚀电流密度或局部侵蚀速度较大。这种电路一旦形成便很难被抑制。

海洋大气中也存在缝隙腐蚀。发生盐沉积且湿度或水分大时,金属表面会形成导电薄膜。缝隙外的这层连续的盐水膜在腐蚀电池的形成过程中发挥了重要作用。

不合理的结构设计和海洋污损生物(如藤壶或软体动物)附着都可能导致缝隙的出现。

2.2.4　湍流腐蚀、冲击腐蚀和空泡腐蚀

1. 湍流腐蚀

某些部位的介质流速激增形成湍流而导致的磨蚀称为湍流腐蚀。铜、钢、铸铁等金属对流速很敏感,当流速超过某临界点时,便会出现快速侵蚀。湍流常将空气泡卷入海水,当夹带气泡的高速湍流冲击金属表面时,可能会破坏金属的保护膜并造成局部腐蚀。金属表面的沉积物可能促进局部湍流腐蚀。当海水中有悬浮物时,会出现磨蚀和腐蚀的交互作用,造成的破坏比单纯的磨蚀与腐蚀效果叠加更严重。

2. 冲击腐蚀

冲击腐蚀基本属于湍流腐蚀范畴。冲击腐蚀也是高速流体的机械破坏与电化学腐蚀这两种作用对金属共同破坏的结果。

海水流速对金属腐蚀的影响已介绍,海水流动一方面使溶解氧含量增大,另一方面能冲刷损伤金属的保护膜。因此,在流动的方向和速度不变时,管道腐蚀不大,而在水流被迫改变方向时(如弯头或三通处),管道则受到冲击,腐蚀比较严重。在冷凝器和热交换器入口端,有入口腐蚀。当流体由大口径管进入小口径管,这个区域(约数厘米处)存在湍流,腐蚀严重,经过一段距离后,由湍流变为层流,腐蚀减弱。在海洋中,大风刮起海浪,海浪夹带的砂粒冲击金属,破坏金属的保护膜,也会引起严重的冲击腐蚀。

3. 空泡腐蚀

流体与金属构件做高速相对运动,在金属表面局部区域产生涡流,伴随气泡

在金属表面迅速生成和破灭,呈现与点蚀类似的破坏特征,这种条件下发生的磨蚀称为空泡腐蚀,又称空穴腐蚀或汽蚀,简称空蚀。气泡能使金属保护毁坏,使表面粗糙,在粗糙的表面又更易发生气泡,这种过程反复进行,使金属表面出现大量麻点,而这种蚀孔也会越来越深。此外,在这种气泡中,氧气比较富集,也是加速腐蚀的因素之一。空泡腐蚀是在电化学腐蚀和气泡破灭的冲击波对金属的联合作用下产生的。

当周围压强降低至海水温度下的海水蒸气压时,海水会发生沸腾。高海水流速状态下,常观察到局部沸腾。例如,海水以高速流经叶轮或推进器表面,在截面突变(如叶梢)时产生极低的压力,会形成蒸气泡。海水向下流到某处时气泡会破裂。蒸气泡破裂造成的反复碰击,使金属表面的局部压缩破坏。金属碎片脱落的同时,新的活化金属暴露在腐蚀性海水中。因此,海水中的空泡腐蚀会造成金属的机械损伤和腐蚀损坏,该类腐蚀多呈蜂窝状。

综上所述,随着海水流速的增加,金属会依次出现湍流腐蚀、冲击腐蚀和空泡腐蚀现象。金属材料对该类腐蚀的抵抗能力一方面与其表面保护膜的性能有关,如致密性、附着力和脆性等;另一方面也与其本身机械性能有关,如韧性、硬度、抗冲击能力等。当表面海水流速超过 2 m/s 时,不锈钢和蒙乃尔合金等的点蚀会停止,铜的腐蚀会加快。因此,铜管中的海水流速不能超过 1.2 m/s,海军黄铜(70∶30)管流速极限为 1.8 m/s,铝黄铜为 2.5 m/s,70∶30 铜镍合金为 4.5 m/s。实际设计中,耐高速水流腐蚀的管道可以细一些,以提高液压,反之,则必须增大管径。

阀门处易出现湍流腐蚀和冲击腐蚀,开启阀门时,其局部流速可达极大值;关闭阀门时,水流静止,局部腐蚀较严重。因此,其选材应综合考虑材料对点蚀和冲击腐蚀的抵抗能力。水泵中的液体流速也很高,其选材应考虑材料的耐湍流腐蚀能力。

在海水流速太快而频繁发生大量气泡的位置,如船舶的螺旋桨、海水泵的涡轮、海船尾轴的轴套和船舵等处容易发生空泡腐蚀(空蚀),导致该处表面出现大量麻点。各种金属的耐空蚀能力排序是:钛、铍青铜、不锈钢和镍铬合金为优秀;蒙乃尔合金和镍铝青铜(NAB)为良好;炮铜、锰青铜和铜镍合金有一定的耐蚀性;铸铁、铸钢、锻铁和铝等最易发生空蚀。适用于船舶推进器的各类铜合金中,铍青铜的耐空蚀性能最佳。因此,以铍青铜为例比较各种推进器材料(铜合金和钛合金)的空蚀比数据。采用磁效伸缩法和旋转圆盘法测出表 2.8 所示的实验结果。

表2.8　几种合金耐空蚀的实验比值

合金牌号	化学成分(质量分数)/%										硬度(HB)	空蚀比值	
	Cu	Mn	Al	Fe	Ni	Sn	Zn	Be	Co	Ti		磁效伸缩法	旋转圆盘法
铍青铜	余量	—	7.8	—	—	—	—	0.6~1.0	0.6~0.9	—	185	1	1
锰铝青铜 ZQAl$_{12-8-3-2}$	余量	14.20	1.77	2.96	2.03	—	—	—	—	—	199	1.5	2.2
锰铝青铜 ZQAl$_{14-8-3-2}$	余量	15.30	8.09	2.86	2.11	—	—	—	—	—	211	1.4	2.2
钛合金 TA$_1$	—	—	5	—	—	—	2.5	—	—	余量	251	1.1	3.0
镍铝青铜 ZQAl$_{9-4-4}$	余量	0.99	9.21	4.61	4.96	—	—	—	—	—	169	1.1	3.4
铝黄铜 ZHAl$_{67-5-2-2}$	69.34	2.62	5.86	1.86	—	—	余量	—	—	—	179	1.6	4.7
锰铝青铜 ZQAl$_{13-4-3-1}$	余量	12.79	6.61	2.65	—	0.71	1.16	—	—	—	165	2.1	5.4
锰黄铜 ZHMn$_{55-3-1}$	60.71	3.13	1.34	0.86	—	1	余量	—	—	—	150	2.8	17
H59-1	余量	—	—	—	—	1	40	—	—	—	81	8.2	37

2.2.5　电偶腐蚀

当两种不同金属浸在腐蚀性溶液中,两种金属之间通常存在电位差(又称电压),若这两种金属互相接触(或用导线接通),这种电位差就会驱动电子在它们之间流动。耐蚀性较差的金属(贱金属),在接触后的腐蚀速率增加(此金属成为阳极);耐蚀性较强的金属(贵金属),腐蚀速率则下降(此金属成为阴极)。因这类腐蚀形态涉及电流和不同的金属,故称为电偶腐蚀,又称双金属腐蚀。

海水是强电解质,把铜和钢铁放到海水中,用电线把它们接通,电流就会流动,如图 2.7 所示,由此形成的电位差可达 0.3 V,足以使小电珠发亮,这种电压的大小取决于金属的种类及其浸没在海水中的面积。海水中的电偶腐蚀远比淡水中或大气中严重得多,因为淡水的电阻比海水大得多。同时,海洋设备比较复杂,通常总是由两种以上的金属制成,故在海洋防腐蚀技术中,电偶腐蚀十分重要。

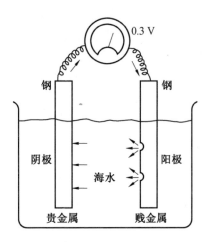

图 2.7　在海水中的电偶腐蚀示意图

1763 年,英国海军曾使用铜皮包覆在铁制的船只上,以防污损生物的吸附,结果铁船很快腐蚀穿孔而沉没。直到 1915 年,英国还在使用铁制铆钉来固定蒙乃尔合金的船只,结果只有几个星期,许多铁铆钉就完全损坏,使这种贵重的船只受到严重的损失。这些现象引起人们对海洋中电偶腐蚀现象的重视。在钢制船壳上使用青铜的海水旋塞和在铝制的系缆柱上使用的黄铜螺栓,分别会引起钢和铝的电偶腐蚀。在海上,若螺母和螺栓由不同的金属组成,只要有一滴海水溅入,就足以引起电偶腐蚀,如图 2.8 所示。而且,由于海水中氯化钙有吸湿性,即使水分部分蒸发,这种电偶腐蚀还会继续。

在海洋大气中,电偶腐蚀仅局限于两种金属连接处附近一段较短的距离内。

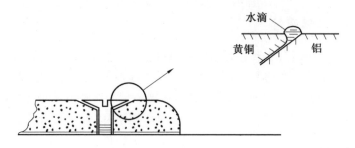

图 2.8　一滴海水可以引起异种金属间发生电偶腐蚀

在海洋全浸区,电接触的两种金属间会在较大的距离内产生明显的电偶腐蚀。

为了解决在实际海水环境条件下预测金属相合金的电偶腐蚀问题,进行合理选材,将在海水条件下实测的金属和合金的电位值(包括可逆电位和稳态电位)按大小顺序做出的排列称为电偶序。而为了确定各种金属的电偶序,应先测定每种金属相对于不变的参考电极的电位差。现今最常用的两种参考电极是饱和甘汞电极和银/氯化银电极,这两种参考电极之间的电位差只有 0.02 V。金属的电位若高于此种参考电极,则为正电位;反之,即为负电位。绝大多数金属都是负电位,负数的绝对值越大,越易被腐蚀。石墨虽是非金属,其电偶序却很高,故石墨耐蚀性虽好,但若在海水中与其他金属相接触,则易引起金属的电偶腐蚀。某些常用金属及合金在海水中的电偶序排列如图 2.9 所示(各种教材上的电偶序表并不完全一致,即使以海水为电解质,金属和合金的电位还受到合金的精确成分、海水成分(是否受污染)、金属的表面性质(是否有保护膜、保护膜的特性等)、海水温度、海上大气的温度等因素的影响)。

电偶腐蚀的程度主要取决于两种金属在海水中的电偶序的相对差别及相对面积比。通常两种金属的电位差越大,则电偶中阳极金属腐蚀得越快。但是,极化作用往往会改变这种行为。在海水中,钛或不锈钢同碳钢耦合时,对碳钢的腐蚀作用常常比铜与碳钢耦合时小,原因在于前者较后者更易极化。对于碳钢一类金属(其腐蚀速率通常受总的有效阴极面积控制),阴、阳极面积比很重要。小阳极(如钢)同大阴极(如铜)相连并浸泡在海水中,腐蚀速率会大大增加;反之,小阴极同大阳极连接,则对腐蚀速率仅有轻微的影响,如铸铁闸阀内的耐磨铜圈。

若在贵金属表面包覆贱金属层(如钢铁镀锌),使其表面积被贱金属完全覆盖,则腐蚀电池无法构成,电偶腐蚀停止,当镀层破裂时,贱金属重新发生腐蚀。

甲板或平台的上表面发生的电偶腐蚀也属于局部腐蚀。因为腐蚀发生在小水滴或潮湿的盐粒的下方,即使面积比为 1:1,也只会形成局部腐蚀损伤并伴随缝隙腐蚀等。例如,由黄铜螺栓固定的镀锌系缆柱会因海水飞溅发生局部电偶腐蚀。

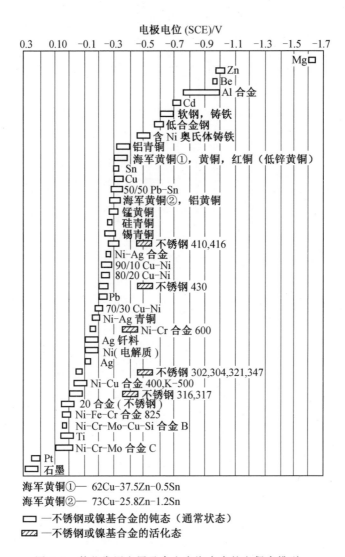

海军黄铜①— 62Cu-37.5Zn-0.5Sn
海军黄铜②— 73Cu-25.8Zn-1.2Sn
☐ —不锈钢或镍基合金的钝态（通常状态）
▨ —不锈钢或镍基合金的活化态

图 2.9　某些常用金属及合金在海水中的电偶序排列

如需缓解或抑制电偶的加速腐蚀,应首先考虑是否可以在两种金属连接处添加绝缘层来切断电路。若无法保证绝缘层的可靠性,则应在电偶阴极涂覆绝缘涂层,通过减小或清零阴极面积达到缓解或抑制腐蚀的效果。

2.2.6　电解腐蚀(电蚀)

电解腐蚀与电偶腐蚀的区别在于,其是外来电源供应电流所引起的腐蚀,通常简称为电腐蚀或电蚀。作为其腐蚀驱动力的电流多为无意产生,一般是电路安装错误形成的发散电流(杂散电流),故电蚀也称为杂散电流腐蚀。同种和异种金属均能发生电蚀,一定条件下杂散电流可以克服电偶腐蚀电流,进而导致更不活跃的贵金属发生腐蚀,其原理如图 2.10 所示。

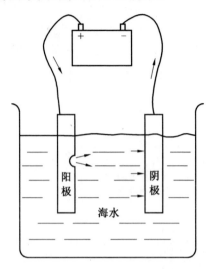

图 2.10　在海水中的电解腐蚀(电蚀)示意图

　　电路安装错误、接地不良、单相供电,潮湿环境下的电器绝缘失效和漏电等情况下都可能产生杂散电流。土壤和海水中更易发生电蚀,海水是强电解质,其中的结构更易发生电蚀。例如海中发生漏电时,其中的黄铜和青铜会突然发亮,犹如新打上的烙印一般。短路会引起极大的杂散电流,电蚀可以达到惊人速度,这也区别于存在速度极限的电偶腐蚀,故危害极大。但是,考虑到电蚀的成因是电路故障,该类腐蚀是可以避免的。

　　电蚀的特点如下:

　　①破坏速度快,造成损失惨重。

　　②各种金属,甚至各种耐蚀合金都可能发生电蚀。

　　③腐蚀形状为坑状或穿孔。腐蚀坑内有黑色粉末泥状铁锈(阳极),相应的阴极部位有白色阴极沉淀物附着。

　　④腐蚀集中在电阻小、易放电的部位,如油漆剥落破损的部位,尖角边棱突出处,对船只来说,靠近码头或靠近电源一侧较严重。

　　⑤阴极保护法不能防止电蚀,富锌涂料或蒙乃尔合金包套均不能防止电蚀。

　　⑥交流杂散电流的腐蚀速率仅为直流电的 1/10。

　　⑦船体或海上平台遭电蚀时,都有明显偏离正常的电位值,由此可以监控杂散电流和电蚀。

　　⑧电蚀是可以避免的一种人为腐蚀现象。

2.2.7　合金选择腐蚀

合金选择腐蚀是由于腐蚀作用导致固体合金中只除去某种元素的过程,例如黄铜脱锌,故又称选择性腐蚀或选择性浸出。海中的选择性腐蚀比淡水更严重。此外,铝、铁、钴、铬和其他元素也可能由于选择性腐蚀而从固态合金中脱出。

1. 黄铜脱锌

普通黄铜含锌量在 30%～40%,其脱锌腐蚀能够肉眼辨认,合金会由黄色转为红色(Cu 的颜色),此时 Zn 被溶解,余下铜基体强度极低且脆弱多孔,渗透性增加。脱锌腐蚀的设备总尺寸变化不大但强度极低,若其盖满尘泥垢或检查时未发现,则容易发生意外事故。

海洋环境中,黄铜和含锌量很高的锰青铜(实际是一种黄铜)易发生脱锌。木质船若使用黄铜的螺栓,则易因脱锌而损坏。木质或玻璃钢船使用的锰青铜螺旋桨(轴),会在数年后因脱锌而完全损坏。脱锌腐蚀可分为均匀脱锌和局部脱锌。其中,均匀脱锌又称层型脱锌,常出现在酸性介质内或四六黄铜(又称高黄铜)表面;局部脱锌又称塞型脱锌,常出现在中性、碱性和弱酸性介质内或对三七黄铜(又称低黄铜)。海中更易发生局部脱锌,海水滞留及温度升高均会加重脱锌。

防止脱锌的手段主要有施加于设备外部的阴极保护法和内部的缓蚀剂法。在铁的阴极保护作用下,钢船上锰青铜推进器的脱锌腐蚀十分微小。锌含量低于 15% 的黄铜(又称红黄铜),基本不发生脱锌。早期的防脱锌方法是使用低海军黄铜(在 70－30 黄铜中加入 10% 锡)作为代替材料。后来改良为在合金中加入少量砷、锑或磷作为缓蚀剂。例如,海军黄铜含约 70% 铜、29% 锌、1% 锡和 0.04% 砷。砷也可作为铝黄铜(2% 铝)的缓蚀剂。海洋中用的黄铜应加入少于 0.03%～0.06% 的砷作为缓蚀剂。

2. 铸铁的石墨化

铸铁中含有大量的碳元素,易在海水中发生铁的选择性腐蚀而留下石墨,称为铸铁的石墨化。腐蚀后的铸铁不发生尺寸变化,外观很像石墨且强度极低(可被小刀切割),若检查、维护不及时,则极易造成安全隐患。石墨化过程会形成高效原电池,留下的石墨是阴极,网状石墨会促进腐蚀剂的浸入,腐蚀逐步纵深发展。灰口铸铁的石墨化倾向更高,球墨铸铁或延性铸铁不易石墨化。由于白口铸铁基本不含游离碳,故不会石墨化。在铸铁中添加 2%～3% 的镍可抑制石墨化,含镍量更高的奥氏体铸铁能有效避免石墨化。

3. 其他

铝青铜会在海水或氢氟酸中发生脱铝,称为脱铝腐蚀。含镍量4%以上的铝青铜(又称镍铝青铜)不发生脱铝腐蚀。另外,还有硅青铜脱硅、钴钨铬合金脱钴等,但没有黄铜脱锌普遍。同时,有的选择性浸出有利于腐蚀防护,例如,不锈钢中硅的浸出导致表面氧化膜中富集硅,可提高其钝化性和抗点蚀能力。

2.2.8　应力腐蚀开裂

拉应力与腐蚀介质共同作用引起的金属开裂,称为应力腐蚀开裂。导致应力腐蚀开裂的应力值低于金属的抗拉强度。应力腐蚀开裂常引起设备的突发性破坏。其初始阶段肉眼难以发现且裂痕扩展速度很快,易导致重大事故。近年来,业内对应力腐蚀开裂的研究越发重视。

点蚀或缝隙腐蚀常导致应力集中,锐角处也常为裂纹扩展的起点。金属发生应力腐蚀破裂时,大部分表面常未遭到严重腐蚀,只有一些细裂纹穿透内部。该类裂纹分为晶间型和穿晶型两类,晶间裂纹沿晶界扩展,可视为一种晶间腐蚀后果;穿晶裂纹不全沿晶界扩展,故被认为是最典型的应力腐蚀开裂形式。现实中,晶间破裂和穿晶破裂常共同出现。通常,应力腐蚀裂缝中的腐蚀痕迹极小,机械断裂痕迹则很明显。这是因为裂纹向内部扩展时,裂纹尖端应力集中越来越高,应力是导致断裂的最终原因,而非腐蚀。

表2.9为各种金属的应力腐蚀开裂倾向,高强度材料一般易发生应力腐蚀。为避免应力腐蚀开裂事故,在海上建筑和造船业中,应尽可能选用较柔软的金属材料(如低碳钢、铜、炮铜和硅青铜等)。

表 2.9　各种金属的应力腐蚀开裂倾向

敏感的金属(易发生应力腐蚀的金属)	环境
超高强度钢材(屈服强度≥1 400 N/mm²)	海水、淡水、甲板上
高强度铝合金(屈服强度≥400 N/mm²)	海水、淡水、甲板上
含3%以上镁的可锻铝合金	海水、淡水、甲板上
304型和306型不锈钢	温度在65 ℃以上的海水、海盐附着的水蒸气、热苛性钠溶液
碳钢	热苛性钠溶液
锌含量大于等于15%的黄铜或锰青铜	海水和氨、有污染的海水
铝青铜、铝黄铜	氨加水蒸气

普通造船业常选用在水上/下均不易发生应力腐蚀开裂的金属,如铜和钛。水上结构常采用不锈钢、硅青铜、铝青铜、低碳钢、铸铁、镍基合金(如蒙乃尔合

金)、镍铝青铜。船舱内常采用黄铜和锰青铜。其他常用材料有铝合金(高强度除外)、铅、铜镍合金,炮铜和铝青铜等。但是,上述金属在被硫化氢或氨污染的海域也有可能发生应力腐蚀开裂。

造船用的低强度铝合金一般不发生应力腐蚀开裂。含 5% 镁的铝合金铆钉在热带气候海域易出现应力腐蚀,导致铆钉头脱落。其他海洋用铝合金(含铸造铝合金),即使承受极大的应力,也不会发生应力腐蚀开裂。

钢制海船螺栓的理想方案为采用大直径低强度钢材螺钉。高强度钢制螺栓也会发生应力腐蚀开裂,海船龙骨螺栓绝对不能使用高强度钢材制造。

黄铜即使接触微量的氨或汞,也会发生应力腐蚀开裂。水下服役黄铜或锰青铜结构的应力腐蚀开裂没有脱锌腐蚀严重。当上述材料用于钢铁结构或船壳时,钢的阴极保护作用可使黄铜避免应力腐蚀。

不锈钢接触氯化物时,易发生应力腐蚀开裂,海水中的氯化镁比氯化钠对应力腐蚀的促进作用更强。温度较高(≥65 ℃)时,具有残余应力的不锈钢结构可能发生应力腐蚀开裂。海洋船舶或设备的大部分部件均在常温条件下工作,相关不锈钢固定件的应力腐蚀开裂倾向不大。但是,不锈钢焊缝处易发生应力腐蚀开裂。另外,部分船舶常采用不锈钢管排放废水,当废水温度较高时,钢管存在应力腐蚀开裂倾向。一般该处载荷不高,在管道制成后通过退火处理释放残余应力可以避免应力腐蚀开裂。

海上的系缆索具常受到巨大载荷,当其受应力部分有海盐沉积且受到太阳暴晒时,可能发生应力腐蚀开裂。螺旋夹索器若存在颈部陡峭(应力集中)、选材不当和表面缺陷等问题,其遇到大风时会出现应力激增。当载荷超过应力腐蚀极限时,索具会突然断裂而造成灾难性事故。又如,停泊在海港中的船只,若多天无雨,其桅杆上会沉积大量盐晶,夜晚桅杆表面结露使海盐润湿,形成高浓度氯化物膜,这会导致桅杆断裂。

2.2.9　氢脆

氢原子扩散进入金属结构并溶解生成脆性氢化物的过程称为氢脆。氢脆易引起应力腐蚀,故将其称为氢脆开裂,以区别于阳极应力腐蚀开裂。某些金属极易吸收氢气,其表面的氢气都会被吸收。酸洗、电镀及阴极保护下电压过高(电位过负)等会为金属提供更多可被吸收的氢,引起氢脆。造船业中,高强度钢及某些不锈钢有氢脆倾向。富锌涂料或牺牲阳极保护法会使高强度钢表面氢浓度增加,被钢吸收后会出现氢脆开裂。海中的镀锌高强度钢链条也易开裂,因为镀锌(热熔浸镀)工艺会产生极高的内应力,链环越厚,应力越大,故应使用较薄的链环以防止开裂。海水中存在很少的氢气,除了阴极保护外,氢脆引起的事故不多。屈服强度超过 1 400 N/cm³ 的高强度合金(如非奥氏体不锈钢)易发生氢脆。

因此,在选用不锈钢时,检查磁性很重要,造船业最好使用 316 型和 304 型不锈钢。

氢脆是发生应力腐蚀开裂的原因之一。例如,氢气进入了 304 型不锈钢,可能形成一种氢化物金相,它是一种易发生合金选择腐蚀的马氏体。在应力作用下,这种马氏体晶格能按应力方向渗入金属内部。对于耐氢脆型应力腐蚀的合金,这种氢化物金相并不在应力作用下发生扩散。氢的渗入还能使金属应力腐蚀开裂的驱动电位增加 5 V 左右。氯化物在没有水的情况下,不会引起应力腐蚀开裂,而含有氢原子的苛性钠却能在无水的情况下引起应力腐蚀开裂。应用质谱分析法可以证实,氢原子确实能渗入不锈钢,即使阳极极化也不能在氯化物环境中阻止氢的渗入。

下列防护措施可以防止氢脆:

(1)降低酸洗时的金属腐蚀速率。酸洗会导致基体金属腐蚀并产生大量氢气,易引起氢脆,适当加入缓蚀剂可以减轻腐蚀,甚至完全避免氢脆。例如,选用氨基磺酸作为安全酸洗剂或用碱洗除锈法代替酸洗,可防止氢脆。

(2)改变电镀条件。例如,选择合适的镀液、小心控制电流等,可以减轻或避免氢的析出。

(3)烘烤。例如,钢铁在 93.514 9 ℃下烘烤可去除氢气。

(4)在合金中加入镍和钼可降低合金的氢脆敏感性。

(5)采用合适的焊接工艺。如采用低氢焊条,水和水汽在高温中会分解出氢,并在温度降低后被金属吸收。因此,保持干燥的焊接环境也很重要。

(6)严格控制阴极保护的电位,防止氢的析出。

2.2.10 腐蚀疲劳

金属在循环载荷或脉冲载荷和腐蚀介质联合作用下所产生的腐蚀称为腐蚀疲劳。海洋环境十分恶劣,工程结构在遭受腐蚀的同时,还受到海浪、风暴、地震等外力载荷。因此,腐蚀疲劳也是影响海洋结构安全的重要因素。腐蚀疲劳的影响因素很复杂,同时用上述因素评价腐蚀疲劳是不可行的。现实中,一般保持某些条件恒定,仅分析重要因素。在评价不同来源的数据时,应当了解多种因素的作用机制,为结构设计和寿命预测奠定更可靠的基础。

环境腐蚀和循环载荷共同造成的损伤一般比两者单独造成的损伤叠加更严重。例如,海水环境中碳钢试件的疲劳寿命比先在海水中腐蚀再进行疲劳实验的试件短得多,这说明腐蚀和疲劳载荷存在相互促进作用。严格来说,除真空或惰性气体环境外,金属在各类气体(含空气)或液体环境中的疲劳均为腐蚀疲劳。金属在海水中的疲劳破坏是典型的腐蚀疲劳破坏,其破坏机理与空气中的疲劳破坏明显不同,故疲劳寿命也不一样,金属在海水中不存在疲劳强度极限。目前,海水腐蚀疲劳破坏机理仍是业内的研究重点,基本将电化学作用作为主要影响因素。

2.3　铜及铜合金海水腐蚀行为及机理

铜及其合金在海水介质中以均匀腐蚀为主,同时黄铜脱锌、铝青铜脱铝,白铜脱镍等脱成分腐蚀是铜合金独有的腐蚀形式。铜及其合金与腐蚀介质相作用时,在金属表面生成钝态或半钝态的保护膜,其耐蚀性在一定程度上由这层表面膜决定。

针对海水复杂的环境,铜及其合金在海水中的腐蚀类型主要有以下两种:一种是溶解氧的去极化反应,即溶解在海水中的氧发生还原反应,此时,阴极过程受氧扩散速度控制,若溶液供氧充分,则腐蚀速率快;另一种是受活性 Cl^- 控制,若 Cl^- 浓度增加,则金属阳极溶解反应时的交换电流密度增加,这样会使钝化膜遭到局部破坏,发生点蚀、缝隙腐蚀等局部腐蚀。

铜合金的机械性能、成型性、导热性、耐海水腐蚀性等性能良好,广泛应用于螺旋桨、消防管道、紧固件、热交换器管路及冷却系统的其他部件等的制造。

铜在海水中发生氧去极化腐蚀,其腐蚀速率主要受阴极过程控制。虽然钢铁在海水中的腐蚀速率也受阴极过程控制,但阴极过程的控制步骤不同。铜的腐蚀电流 $I_c < I_d$(氧极限扩散电流),氧的离子化反应是主要控制步骤,腐蚀速率受氧的离子化过电位控制。钢铁的腐蚀电流 $I_c = I_d$,氧的扩散是主要控制步骤。

铜及其合金在海洋环境中以均匀腐蚀为主要特征,按失重算出的腐蚀速率一般能比较真实地反映铜合金的耐蚀性能。有些铜合金还会发生点蚀、缝隙腐蚀、应力腐蚀和脱成分腐蚀等局部腐蚀。

脱成分腐蚀是铜合金(主要是黄铜)的一种特殊腐蚀形式。脱锌是高锌黄铜的一种常见的腐蚀形式,铜合金的其他脱成分腐蚀比较少见。黄铜的脱锌腐蚀与灰铸铁腐蚀的"石墨化"现象很相似,前者是固溶体中阳极相成分的选择性溶解,后者是复相合金中阳极相的选择性溶解,二者本质是相同的,都发生在两种成分或两种相的热力学稳定性(或电极电位)相差很大的情况下。

铜合金保护膜一旦形成,在停滞海水中也具有良好的耐蚀性。但由于铜的保护膜和基体的硬度均较低,因此铜合金抗高速海水冲击腐蚀能力很差。当海水流速超过某一临界值时,铜的保护膜破坏,高流速海水带来充足的氧,使铜的腐蚀速率急剧升高。

铜及铜合金优于其他材料的特性是较强的抗生物污损能力。其抑制生物污损的原因有两种。一种解释是,铜表面的水膜中存在基体电离出的毒性铜离子。

当腐蚀速率达 6 mg(dm² · d)(即 0.025 mm/年)时,通常不会出现生物污损。这种解释的根据是,耐蚀性越好的铜合金抗污性越差。阴极保护下的铜合金不再发生腐蚀时,其表面出现污损。但是,部分现象与该解释不符,如海水中与铜合金邻近的其他材料不会由于铜合金释放的毒性铜离子而免遭生物污损。另一种解释是,铜合金表面形成的毒性氧化亚铜腐蚀产物膜抑制生物污损。通过对铜合金腐蚀产物膜的成分和结构分析,暴露条件的变化会导致腐蚀产物膜组成改变和抗污能力的变化。黄铜脱锌引起表面膜中锌元素富集导致抗污能力丧失,腐蚀严重部位均有海洋生物附着。铝黄铜表面的氧化膜完整致密且富集锌和铝,故其耐蚀性强而抗污性较差。锰青铜螺旋桨及热交换器管与管板连接处曾发生应力腐蚀开裂。高锌黄铜和某些铝黄铜对应力腐蚀开裂敏感。铜及铜镍合金对应力腐蚀不敏感。被污染的海水若含有氨或可转变成氨的氮化物,则容易引起铜合金的应力腐蚀开裂。

海水中,铜合金腐蚀的阴极过程是氧去极化。其腐蚀速率主要取决于氧的供给速度。铜及铜合金表面会形成一层腐蚀产物薄膜,薄膜会阻碍氧的扩散,起到保护作用。铜表面的薄膜,内层是氧化亚铜,外层是碱式氯化铜、氢氧化铜、碱式碳酸铜等的混合物。铜合金的薄膜中还有合金元素的氧化物和盐等。

紫铜、青铜在海洋大气区、飞溅区的主要腐蚀形式为均匀腐蚀,在海水中的腐蚀类型为点蚀和缝隙腐蚀。其点蚀形貌多为斑状、坑状和溃疡状。黄铜和白铜在海洋环境中除点蚀、缝隙腐蚀外,还发生选择性腐蚀(黄铜脱锌、白铜脱镍)。

海水中的铜合金具有抗生物污损能力,该能力与合金腐蚀速率、表面腐蚀产物膜的性质等有关,并随暴露时间延长而降低。在阴极保护下的铜合金,若腐蚀停止,则会同其他无毒材料一样,发生生物污损。

海水中,铜合金的腐蚀电位较正,其稳定腐蚀电位的范围是 -0.21~0.07 V(相对于海水 Ag/AgCl 电极)。当其与钢、铝等更活泼的材料发生电接触会导致活泼材料的电偶腐蚀,铜合金腐蚀产生的铜离子会加快附近铝合金的腐蚀。铜合金对海水流速敏感,超过临界流速时,腐蚀速率激增。

在青岛海域实验了铜合金的腐蚀行为规律,表 2.10 所示为实验的 12 种铜合金(板材)的化学成分。

表 2.10　实验的 12 种铜合金(板材)的化学成分　　　　　　　%

合金	Cu	Zn	Sn	Si	Mn	P	Fe	其他
T2	99.99	—	—	—	—	—	—	—
TUP	99.99	—	—	—	—	—	—	—
QSi3-1	余量	0.068	0.1	2.75	1.13	—	0.02	—
QSn6.5-0.1	余量	—	5.12	0.05	—	0.17	—	—

续表 2.10

合金	Cu	Zn	Sn	Si	Mn	P	Fe	其他
QBe2	余量	—	—	0.25	—	—	0.05	Be1.84 Ni0.37
HMn58－2	58.65	余量	—	—	1.53	—	0.08	—
HSn62－1	61.43	余量	0.89	—	—	0.05	—	—
H68A	68.92	余量	—	—	—	—	—	—
HSn70－1A	70.62	余量	0.9	—	—	—	—	—
HAl77－2A	76.57	余量	—	—	—	—	—	Sb0.069 Al1.81
BFe10－1－1	余量	0.05	0.05	0.075	0.63	—	1.16	Ni9.52
BFe30－1－1	余量	—	—	0.065	0.40	—	0.35	Ni30.04

紫铜和青铜在青岛海域暴露 8 年的腐蚀结果见表 2.11。

表 2.11　紫铜和青铜在青岛海域暴露 8 年的腐蚀结果

牌号或代号	暴露时间/年	腐蚀速率 /(μm·年$^{-1}$)	平均点蚀 深度/mm	最大点蚀 深度/mm	最大缝隙腐 蚀深度/mm
T2	1	20	0.15	0.25	0.40
	2	13	0.26	0.51	0.48
	4	11	0.50	1.21	0.35
	8	8.6	0.46	0.76	1.00
TUP	1	19	0.22	0.40	0.20
	2	11	0.22	0.38	0.43
	4	11	0.44	1.49	0.57
	8	8.6	0.38	0.80	1.25
QSi3－1	1	14	0.18	0.25	0.30
	2	9.9	0.18	0.28	0.30
	4	7.2	0.18	0.38	0.58
	8	4.9	0.26	0.50	0.50

续表 2.11

牌号或代号	暴露时间/年	腐蚀速率/($\mu m \cdot$ 年$^{-1}$)	平均点蚀深度/mm	最大点蚀深度/mm	最大缝隙腐蚀深度/mm
QSn6.5－0.1	1	8.9	0.08	0.20	0.25
	2	11	0.13	0.35	0.36
	4	5.6	0.13	0.22	0.58
	8	4.7	0.13	0.21	0.55
QBe2	1	11	0.16	0.30	0.30
	2	11	0.05	0.10	0.38
	4	7.5	0.13	0.17	0.44
	8	6.1	0.17	0.25	0.95

海水中,紫铜的腐蚀速率较低,形式为点蚀和缝隙腐蚀。点蚀形貌为斑状、坑状和溃疡状。T2、TUP 暴露 8 年的腐蚀率为 8.6 μm/年,测得的最大蚀坑深度为 1.49 mm 和 1.21 mm,最大缝隙腐蚀深度为 1.25 mm 和 1.00 mm。

青铜的腐蚀行为与紫铜相似,但腐蚀程度更轻。QSi3－1、QSn6.5－0.1、QBe2 暴露 8 年测得的最大蚀坑深度不大于 0.50 mm,最大缝隙腐蚀深度不大于 0.95 mm。

黄铜和白铜在青岛海域暴露 16 年的腐蚀结果见表 2.12。

表 2.12　黄铜和白铜在青岛海域暴露 16 年的腐蚀结果

牌号或代号	暴露时间/年	腐蚀速率/($\mu m \cdot$ 年$^{-1}$)	最大点蚀深度/mm	最大缝隙腐蚀深度/mm	腐蚀类型[①]
HMn58－2	1	17	—	0	T
	2	15	—	0.20	YT、F
	4	14	—	0	YT
	8	26	—	0	YT
HSn62－1	1	18	0	0	J
	2	16	0.10	0.08	B,QT,F
	4	9.4	0	0.13	QT,F
	8	7.7	0	0.38	QT,F

续表 2.12

牌号或代号	暴露时间/年	腐蚀速率 /(μm·年$^{-1}$)	最大点蚀深度/mm	最大缝隙腐蚀深度/mm	腐蚀类型[①]
H68A	1	24	0	0.05	QT,F
	2	12	0	0.04	QT,F
	4	8.9	0.06	0.12	QT,F
	8	6.0	1.10	0.10	QT,B,F
	16	4.3	0.37	0.26	QT,B,F
HSn70-1A	1	23	0		J
	2	16	0	0.06	F
	4	7.5	0	0	F
	8	5.9	0.40	0	B,QT
	16	4.7	0.34	0.38	B,F,QT
HAl77-2A	1	4.8	0	0	J
	2	3.7	0.12	0	B
	4	1.9	0.23	0	B
	8	2.0	0.50	0.17	B,F
	16	1.7	0.49	0.26	B,F
BFe10-1-1	1	18	0.13	0.12	UJ,F
	2	11	0.15	0.22	UJ,F
	4	6.9	0.21	0.45	UJ,F
	8	3.5	0.27	0.26	B,F
	16	4.7	0.32	0.54	B,F
BFe30-1-1	1	21	0.07	0.10	UJ,F
	2	11	0.25	0.12	B,F
	4	6.1	0.27	0.20	B,F
	8	3.6	0.15	0.12	B,F
	16	2.4	0.26	0.23	B,F

注:①J 为均匀腐蚀;UJ 为不均匀腐蚀;B 为点蚀;F 为缝隙腐蚀。QT、YT 分别表示较轻和严重脱成分。

除锰黄铜 HMn58-2 外,其他黄铜在海水中的腐蚀速率均较低。随时间延长,黄铜 HMn58-2 的腐蚀速率增大。海水中,H68A、HSn62-1、HSn70-1A 的腐蚀速率与青铜相近。HAl77-2A 的腐蚀速率很低,暴露 16 年的腐蚀率为

1.7 μm/年。

HMn58－2 和 HSn62－1 试样表面有白色腐蚀产物堆,用金相扫描电子显微镜发现,HMn58－2 脱锌严重,暴露 4 年的脱锌区厚度可达 2 mm 以上。HSn62－1 脱锌较轻。H68A、HSn70－1A 出现点蚀,暴露 16 年的最大蚀坑深度分别为1.10 mm、0.40 mm。H68A、HSn70－1A 还有轻微脱锌。HAl77－2A暴露 16 年,蚀坑深度为 0.50 mm。点蚀由污损生物造成。

黄铜的耐缝隙腐蚀能力较好,暴露的 5 种黄铜的缝隙腐蚀深度小于0.40 mm。白铜 BFe10－1－1(B10)和 BFe30－1－1(B30)的耐蚀性基本一致,长期暴露白铜的腐蚀速率比紫铜小,耐点蚀和缝隙腐蚀能力优于紫铜和青铜。暴露 8 年白铜的点蚀深度小于 0.3 mm,缝隙腐蚀深度小于 0.5 mm。

铜合金(HMn58－2 除外)浸入海水后腐蚀速率表现为先快后慢,暴露两年后其腐蚀速率趋于稳定。铜合金在海水中的点蚀和缝隙腐蚀有一定的随机性,故其耐蚀性需要基于多周期的腐蚀结果来评价。

海水中的铜合金具有抗生物污损能力。传统观点认为,铜在海水中产生毒性铜离子来抑制生物污损。钢的腐蚀速率约为 0.025 mm/年时,一般不发生生物污损。另一种观点认为铜合金表面形成的氧化亚铜膜可以抑制生物污损。上述观点均难以解释钢及铜合金的某些污损现象。

靠近(小于 1 m)和远离(5 m)铜合金的 LF3M 铝合金试样的海洋生物污损情况如图 2.11 所示。前者表面附着有藤壶、石灰虫等生物,覆盖面积约为 80%。后者的整个表面几乎被柄海鞘、藤壶、海藻等生物覆盖。上述现象表明铜合金电离的铜离子可以抑制自身和邻近材料的生物污损。

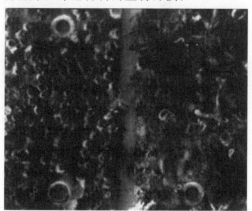

图 2.11　靠近(小于 1 m)和远离(5 m)铜合金的 LF3M 铝合金试样的海洋生物污损情况

影响铜合金耐污损能力的因素主要包括其电离的铜离子、表面的氧化亚铜膜及表面腐蚀产物膜的性质与黏附程度等。铜合金的暴露密度、海水流速等也会影响污损。值得注意的是,各类污损生物的抗毒能力差别较大。在青岛、榆林的铝合金试样表面附着有多种海洋生物,铜合金表面主要附着有藤壶、石灰虫、牡蛎等。紫铜、青铜的耐生物污损能力较强;HAl77-2A、HMn58-2 的耐污损能力较差。铜及铜合金的腐蚀速率随暴露时间延长而下降,同时腐蚀产物膜增厚,耐污损能力降低。

海洋生物污损对铜合金腐蚀的影响有两方面:

①附着在表面形成保护层,屏蔽腐蚀介质,减轻腐蚀;

②硬壳生物附着导致局部腐蚀,藤壶尸体底座下方容易发生局部腐蚀。

Efird 认为海洋生物污损不会对铜合金的腐蚀造成明显影响。实验证明,该观点只适用于 T2、TUP、HMn58-2 等腐蚀速率较高的铜合金。对于 HAl77-2A、B30 等腐蚀速率较低的铜合金,生物污损会明显影响局部腐蚀。

经取样研究,牡蛎、石灰虫和活的藤壶附着处的基体没有蚀坑。生物附着引起的蚀坑出现在死亡藤壶底座下方或藤壶脱落处。藤壶底座中心处的蚀坑为坑状,边缘处的蚀坑呈环状或圆弧状。藤壶尸体经微生物分解产生酸性物质,造成其石灰质底座的溶解破坏和金属基体的腐蚀。死亡藤壶的底座溶解到一定程度后会脱落。在青岛海域,HAl77-2A 的蚀坑、蚀斑均由藤壶引起,如图 2.12 所示;B30、QSn6.5-0.1、QSi3-1 的部分蚀斑也是由藤壶引起的。

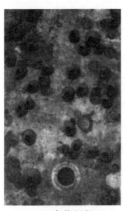 

(a) 生物污损　　　　　　(b) 腐蚀形貌

图 2.12　HAl77-2A 在青岛海域全浸区暴露海洋生物污损及腐蚀形貌

铜合金在海水中的腐蚀疲劳性能,最接近其在空气中的性能(破损比接近1)。冷加工条件下,含锡 5% 的青铜的腐蚀疲劳强度(CFS)值为 152 MPa,约比电解铜高 30%;含锡 8% 的青铜的 CFS 值为 131 MPa,约比电解铜高 15%。高强度的黄铜和锰青铜的 CFS 值较低,范围在 48.3~108 MPa,阀门用青铜为 69.0 MPa,锰镍青铜为 66 MPa。在可锻合金中,青铜的 CFS 值较高,为 93~

107 MPa。铝青铜和镍铝青铜的腐蚀疲劳强度适中,浇铸型为 82.7～186 MPa,可锻型为 151～226 MPa。锰镍铝青铜(可铸型)的 CFS 值较高,为 82.7～147 MPa,但部分牌号的 CFS 值较低。作为螺旋桨材料时,锰青铜的 CFS 值约为 69 MPa,镍铝青铜和锰镍青铜约为 83 MPa。表 2.13 为铜合金在盐水溶液中经 10^8 周的腐蚀疲劳强度。

表 2.13　铜合金在盐水溶液中的腐蚀疲劳强度(10^8周,$R=-1$(来回反复弯曲))

金属材料	成型条件或热处理条件	腐蚀疲劳强度/MPa
电解铜	冷作加工(CW)	114
电解铜	充分退火(FA)	69
95Cu－5Sn 青铜	CW	152
92Cu－8Sn 青铜	CW	131
84Cu－14Zn－1.6Sn	浇铸	37.9
86Cu－6Zn－7.6Sn	浇铸	41.4
锰青铜	浇铸	62～86
锰镍青铜	浇铸	65.5
炮铜	浇铸	57.7
阀门青铜	浇铸	69.0
磷青铜	辊压拉伸	178
硅青铜	浇铸	89.6
铍青铜	冷作加工	269
铍青铜	固溶体处理	210
铍青铜	固溶体处理＋退火	246
铜铍合金	浇铸＋熟化	93
铜镍铍合金	浇铸＋熟化	53.1
铝青铜	挤出加拉伸	151
铝青铜	浇铸	162
镍铝青铜	锻件	226
铝镍青铜	浇铸(加热 2 h)	55.2
铝镍铁青铜	浇铸	138
镍铝青铜	浇铸	154
镍铝青铜	浇铸(加热 6 h)	86.2
镍铝青铜	锻打	193

续表 2.13

金属材料	成型条件或热处理条件	腐蚀疲劳强度/MPa
80Cu－10Al－5Fe－5Ni	挤出	167
80Cu－10Al－5Fe－5Ni	浇铸	157
86Cu－10Al－2Co－1Ni	挤出	167
86Cu－10Al－2Co－1Ni	浇铸	176
86Cu－10Al－2Co－2Fe	挤出	186
86Cu－10Al－2Co－2Fe	浇铸	186
镍铝青铜	浇铸	83
CMA－1 锰镍铝青铜	浇铸	139
锰镍铝青铜	浇铸	62.0
8Mn－8Al－2Ni 青铜	浇铸	784

第 3 章　铜及铜合金海水环境缓蚀控制

3.1　铜及铜合金海水环境化学法缓蚀控制

3.1.1　化学法水质处理缓蚀方法

人们一直不断地研究和使用各种防护方法以避免或减轻金属腐蚀,其中一种方法就是化学法水质处理。化学法水质处理主要是在腐蚀介质中添加某些少量的化学药品,这些少量的化学药品即缓蚀剂(corrosion inhubtor),它们以适量的浓度存在时可防止或者减缓金属的腐蚀,同时保证金属的物理化学性能不发生改变。由于缓蚀剂具有良好的缓蚀效果和较高的经济效益,已成为防腐蚀技术中应用最广泛的方法之一。

在防腐过程中,缓蚀剂被直接投入腐蚀系统,因此具有操作简单、起效快以及保护整个系统的优点,并且和其他防腐方法相比,化学法水质处理有以下优点:

① 在基本不改变腐蚀环境的情况下,即可获得良好的效果;

② 在基本不增加设备投资的情况下,即可达到防腐的目的;

③ 缓蚀效果不受设备形状的影响;

④ 某些缓蚀剂可以应用于不同金属在不同环境中的防腐;

⑤ 通过改变缓蚀剂的浓度或者配方来应对腐蚀环境的变化。

因此,在各种防护方法中,化学法水质处理是工艺简便、成本低廉、适用性强的一种方法,它已广泛应用于石油和天然气的开采炼制、机械、化工、能源等行业。但缓蚀剂只适用于腐蚀介质有限的系统,对于钻井平台、码头等防止海水腐蚀及桥梁等防止大气腐蚀类的开放系统是比较困难的。

3.1.1.1　缓蚀剂

美国试验与材料协会 ASTM-G15-76《关于腐蚀和腐蚀试验术语的标准定义》中缓蚀剂的定义为:缓蚀剂是一种当它以适当的浓度和形式存在于环境(介质)时可以防止或减缓腐蚀的化学物质或复合物质。采用缓蚀剂保护时,其保护效率是用缓蚀效率或抑制效率(Z)表示的。缓蚀剂的缓蚀效率(简称缓蚀率)定义如下：

$$Z = \frac{v_0 - v}{v_0} \times 100\%　　　　　　　　　(3.1)$$

式中　v_0——未加缓蚀剂时金属的腐蚀速率；

　　　v——加缓蚀剂时金属的腐蚀速率。

v_0、v 可用任何通用单位，如 g/(m^2·h)、mm/年等。

缓蚀剂的缓蚀率 Z 越大，则对体系的腐蚀抑制作用越大。其缓蚀效果除与缓蚀剂种类、浓度有关外，还与被保护体系的材料、介质、温度等有关。一般缓蚀率 Z 能达到 90% 以上的缓蚀剂即为良好的缓蚀剂，Z 如能达到 100%，意味着全保护即无腐蚀。缓蚀效率的测量方法主要有失重法及电化学方法两种。失量法是最直接、简便的方法。它是通过精确称量金属试样在浸入腐蚀介质（有缓蚀剂、无缓蚀剂）前后的质量变化来确定腐蚀速率的方法。严格来讲，此法只适用于均匀腐蚀。

电化学法是实验室测量金属腐蚀速率的方法。通过对腐蚀电极在腐蚀、缓蚀体系的"极化"测量，根据获得的极化曲线，利用电化学理论计算出腐蚀电流密度（I_{corr}）和缓蚀效率。

3.1.1.2　缓蚀剂的缓蚀分类

缓蚀剂应用广泛、种类繁多，迄今为止尚无统一分类方法，下面介绍几种常见的分类方法。

1. 按缓蚀剂的作用机理分类

根据缓蚀剂在电化学腐蚀过程中，主要抑制阳极反应还是抑制阴极反应，或者两者同时抑制，可将缓蚀剂分为以下三类：

（1）阳极型缓蚀剂。

阳极型缓蚀剂又称阳极抑制型缓蚀剂。阳极型缓蚀剂大部分是氧化剂，如过氧化氢、重铬酸盐、铬酸盐、亚硝酸钠、硅酸盐等，这类缓蚀剂常用于中性介质中，如供水设备、冷却装置、水冷系统等。它们能阻滞阳极过程，增加阳极极化，如图 3.1(a)所示。由图可看出加入阳极型缓蚀剂后，腐蚀电位正移，阳极的极化率增加，腐蚀电流由 I_1 减小到 I_2。

阳极型缓蚀剂是应用广泛的一类缓蚀剂，如用量不足又是一种危险的缓蚀剂。因为用量不足不能使金属表面形成完整的钝化膜，部分金属以阳极形式露出来，形成大阴极小阳极的腐蚀电池，从而引起金属的点蚀。

（2）阴极型缓蚀剂。

阴极型缓蚀剂又称阴极抑制型缓蚀剂。这类缓蚀剂能抑制阴极过程，增加阴极极化，从而使腐蚀电位负移，如图 3.1(b)所示。如在酸性溶液中加入 As、Sb、Hg 盐类，在阴极上析出 As、Sb、Hg，可以提高阴极过电位，或者使活性阴极

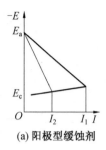 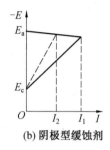 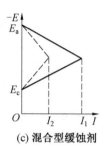

(a) 阳极型缓蚀剂　　　(b) 阴极型缓蚀剂　　　(c) 混合型缓蚀剂

图 3.1　缓蚀剂缓蚀作用原理图

面积减少,从而控制腐蚀速率。这类缓蚀剂在用量不足时,不会加速腐蚀,故也称为安全型的缓蚀剂。

(3)混合型缓蚀剂。

混合型缓蚀剂又称混合抑制型缓蚀剂。混合型缓蚀剂既能阻滞阳极过程,又能阻滞阴极过程。这种缓蚀剂对 I_{corr} 的影响较小。例如含 N、含 S 及既含 N 又含 S 的有机化合物、琼脂、生物碱等,它们对阴极过程和阳极过程同时起抑制作用,如图 3.1(c)所示。从图中可见,虽然腐蚀电位变化不大,但腐蚀电流却显著降低。这类缓蚀剂可分为三类:

①含 N 的有机化合物,如胺类和有机胺的亚硝酸盐等;

②含 S 的有机化合物,如硫醇、硫醚、环状含硫化合物等;

③含 S、N 的有机化合物,如硫脲及其衍生物等。

2. 按缓蚀剂的性质分类

(1)氧化膜型缓蚀剂。

如果在中性介质中添加适当的氧化性物质,它们在金属表面少量还原便能修补原来的覆盖膜,起到保护或缓蚀作用,这种氧化性物质可称为氧化膜型缓蚀剂。电化学测量表明这种物质极易促进腐蚀金属的阳极钝化,因此也可称为钝化型缓蚀剂或钝化剂。在中性介质中钢铁材料常用的缓蚀剂如 $NaCrO_4$、$NaNO_2$、Na_2MoO_4 等都属于这种类型。这类缓蚀剂同样是危险型的缓蚀剂,使用时应特别注意。

(2)沉淀膜型缓蚀剂。

这类缓蚀剂本身并无氧化性,但它们能与金属的腐蚀产物(Fe^{2+}、Fe^{3+})或与共轭阴极反应的产物(一般是 OH^-)生成沉淀,因此也能有效地修补氧化物覆盖膜的缺陷。这类物质常称为沉淀膜型缓蚀剂。沉淀膜型覆盖膜一般比钝化膜厚,致密性和附着力都比钝化膜差。例如,水处理技术常用的硅酸盐(水解产生 SiO_2 胶凝物)、锌盐(与 OH^- 产生沉淀)、磷酸盐类(形成 $FePO_4$),显然它们必须有 O_2、NO_2 等存在时才起作用。氧化膜型和沉淀膜型两类缓蚀剂也常称为覆盖膜型缓蚀剂。它们在中性介质中很有效,但不适用于酸性介质。

(3)吸附膜型缓蚀剂。

这类缓蚀剂易在金属表面形成吸附膜,从而改变金属表面性质,阻滞腐蚀过程。其根据吸附机理又可分为物理吸附型(如胺类硫醇和硫脲等)和化学吸附型(如吡啶衍生物、苯胺衍生物环状亚胺等)两类。一般钢铁在酸中常用的缓蚀剂有硫脲、喹啉、炔醇等衍生物;铜在中性介质中常用的缓蚀剂有苯并三氮唑等。

3. 按化学成分分类

(1)无机缓蚀剂。

无机缓蚀剂如聚磷酸盐、铬酸盐、硅酸盐等,可以使金属表面发生化学变化,形成钝化膜以阻滞阳极溶解过程。

(2)有机缓蚀剂。

有机缓蚀剂如含 N 有机化合物、含 S 有机化合物以及氨基、醛基、咪唑化合物等,可以在金属表面发生物理或化学的吸附,从而阻滞腐蚀性介质接近表面。

4. 按使用时相态分类

按使用时相态,缓蚀剂可分为气相缓蚀剂、液相缓蚀剂和固相缓蚀剂。

5. 按用途分类

按用途,缓蚀剂可分为冷却水缓蚀剂、锅炉缓蚀剂、石油化工缓蚀剂、酸洗缓蚀剂、油气井缓蚀剂。

3.1.1.3　缓蚀剂的应用

1. 石油工业中的应用

在石油工业中,各种金属设备被广泛地用在采油、采气、贮存、输送和提炼过程中。由于各种金属设备经常处于高温、高压及各种腐蚀性介质(氧化氢、硫化氢、碳酸气、氧、有机酸、水蒸气及酸化过程加入的无机酸等)的苛刻条件下,因此遭受非常强烈的腐蚀和磨蚀。为防止或减缓这种腐蚀,选择缓蚀剂时,应根据金属设备使用的环境来确定。

(1)油气井缓蚀剂。

采油过程中,除利用地下能量的一次采油法外,还有由外部向油层中加入能量的二次采油法。酸化处理工艺是油、气井常用的增产措施。国外主要用盐酸加氢氟酸,盐酸质量分数高达 28%,虽然可增加采油收得率,但对采油设施的腐蚀也是相当严重的。油气井缓蚀剂早期采用无机化合物,目前已为有机化合物代替。常用的有机化合物有甲醛、咪唑及其衍生物、季铵盐类等,目前,常用的油气井缓蚀剂主要有 7461、7701、HQ-1(烷基吡啶和喹啉类的季铵盐),7801、CT1-3、SD1-3(酮醛胺缩合物),7812、IMC-80-5(炔醇和有机胺化合物)、IS-129(咪唑啉类)等。

（2）油罐用缓蚀剂。

油罐用缓蚀剂按用途不同分为三类。在防止油罐底部沉积水腐蚀方面，常用的无机缓蚀剂为亚硝酸盐，而当水中含有硫化合物时，常使用有机缓蚀剂苯甲酸铵；为防止与油层接触的金属腐蚀的油缓蚀剂，一般可使用酰化肌氨酸及其衍生物；为防止油罐上部与空气接触的金属腐蚀采用气相防锈剂，常用的有亚硝酸二环己铵。

（3）输油管缓蚀剂。

目前广泛使用的输油管缓蚀剂有有机化合物喹啉、环己胺、吗啉及二乙胺等。

2. 工业循环冷却中的应用

工业用水量最大的是冷却水，占工业用水量的 $60\%\sim65\%$，而在化工、炼油、钢铁等工业则占 80% 以上。因此，节约工业用水的关键是合理使用冷却水。在工业生产中大量使用的循环冷却水系统又分为敞开式和密闭式两种。

（1）敞开循环冷却水系统。

敞开循环冷却水系统是指把热交换的水引入冷却塔冷却后再返回循环系统。这种水由于与空气充分接触，水中含氧量很高，具有较强的腐蚀性。而且，由于冷却水经多次循环，水中的重碳酸钙和硫酸钙等无机盐逐渐浓缩，再加上水中微生物的生长，水质不断变坏。在这种冷却水系统中，重铬酸盐是最有效的阳极型缓蚀剂。单独使用时质量分数需要达到 $(300\sim500)\times10^{-6}$。当水中含有 Cu^{2+} 等金属离子时，添加聚磷酸盐效果更好。通常聚磷酸盐和重铬酸盐混合使用对敞开循环冷却水系统而言是最佳的复合缓蚀剂，其质量分数以 30×10^{-6} 为宜，如图 3.2 所示。

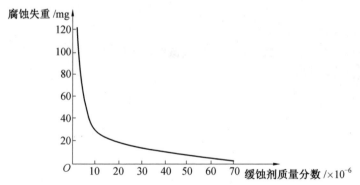

图 3.2　聚磷酸盐和重铬酸盐复合缓蚀剂的质量分数与缓蚀效果的关系
（材质，SS－41；水质，NaCl 100 mg、$CaCl_2 \cdot H_2O$ 40 mg、Na_2SO_4 15 mg、H_2O 100 mL；温度，30 ℃；浸泡时间，24 h；样品转速，240 r/min）

(2)密闭循环冷却水系统。

这类系统比敞开式系统的腐蚀环境更为苛刻。采用的缓蚀剂有聚磷酸盐、锌盐、硅酸盐等。亚硝酸铵的缓蚀效果见表 3.1。由表可看出,亚硝酸铵的质量浓度达到 120×10^{-6} mg/L 时,具有较好的缓蚀效果,缓蚀率可达 98%。水中氯离子和硫酸根离子质量浓度较高时,使用亚硝酸盐缓蚀剂易产生点蚀,因为亚硝酸盐是阳极钝化型缓蚀剂。

表 3.1　亚硝酸铵的缓蚀效果

NH_4NO_2 质量浓度/$(\times 10^{-6}$mg $\cdot$ L$^{-1})$	腐蚀速率/$(mg \cdot dm^{-2} \cdot d^{-1})$	缓蚀率/%	NH_4NO_2 质量浓度/$(\times 10^{-6}$mg $\cdot$ L$^{-1})$	腐蚀速率/$(mg \cdot dm^{-2} \cdot d^{-1})$	缓蚀率/%
0	23.80	—	60	1.57	93.4
20	20.30	14.7	120	0.38	98.4
40	7.20	70.0	180	0.38	98.4

锌盐是在循环冷却水系统中使用较多的复合缓蚀剂。锌离子在阴极区与氢氧根离子生成 $Zn(OH)_2$ 沉积在金属表面,故锌盐是沉淀型缓蚀剂。锌盐也属于有毒物质,用量应限制在排污要求范围。因此,常用量仅为质量分数$(3 \sim 5) \times 10^{-6}$。

3. 缓解大气缓蚀的应用

大气腐蚀属于金属腐蚀中最广泛的一种腐蚀。大气腐蚀的因素是多方面的,如湿度、氧气、大气成分及大气腐蚀产物等。因此,在使用缓蚀剂时既要考虑不同环境因素也要考虑使用范围。

这类缓蚀剂按其使用性质大体上可分为油溶性缓蚀剂、水溶性缓蚀剂及挥发性的气相缓蚀剂三类。

(1)油溶性缓蚀剂。

这类缓蚀剂能溶于油,即通常所说的防锈油,在制品表面形成油膜,缓蚀剂分子容易吸附于金属表面,阻滞因环境介质渗入在金属表面发生的腐蚀过程。一般认为,油溶性缓蚀剂中,分子量大的较好,但也有一定限度,如过大,则在油中的溶解度反而减小。各类油溶性缓蚀剂对金属的适应性及性能见表 3.2。

表 3.2 各类油溶性缓蚀剂对金属的适应性及性能

序号	缓蚀剂的种类	对金属的适应性	性能
1	羧酸类	适用于黑色金属	高分子长链羧酸类,具有防潮性能,复合使用效果更好
2	磺酸类	对黑色金属较好,对有色金属不稳定,低分子磺酸盐能使铁表面生成锈斑,分子量在 400 以上,防锈性能较好	有良好的防潮和抗盐雾性能
3	酯类	与胺并用对黑色金属有效,个别对铸铁有效	作为助溶剂与其他缓蚀剂并用有防潮作用
4	胺类及含氮化合物	适用于黑色和有色金属,对铸铁也有效	耐盐雾、二氧化硫、湿热等性能
5	磷酸盐或硫代磷酸盐	大多数适合黑色金属,一般与其他添加剂共用	抑制油品氧化过程所生成的有机酸,大多数作为辅助添加剂或润滑的缓蚀剂

(2)水溶性缓蚀剂。

这类缓蚀剂是指以水为溶剂的缓蚀剂,可方便地作为机械加工过程的工序间防锈。大多数无机盐都是优良的缓蚀剂,如亚硝酸钠、硼酸钠、硅酸钠等。它们的优点是节约能源(不用石油产品),且水溶性缓蚀剂所形成的防锈膜易于被除去。

(3)气相缓蚀剂(VPI)。

这种缓蚀剂具有足够高的蒸气压,即在常温能很快充满于周围的大气,吸附在金属表面而阻滞环境大气对金属的腐蚀。因此蒸气压是 VPI 的主要特征之一。气相缓蚀剂种类很多,常用的有六类:有机酸类、胺类、硝基及其化合物、杂环化合物及胺有机酸的复合物和无机酸的胺盐。对钢有效的有:尿素加亚硝酸钠、苯甲酸胺加亚硝酸钠等。对铜、铝、镍、锌有效的有:肉桂酸胍、铬酸胍、碳酸胍等。

气相缓蚀剂主要应用于气密空间,其主要使用方法有:

① 把气相缓蚀剂粉末撒在被防护的金属设备上,或装入纸袋、纱布袋中,或压成丸子放置于被防护金属设备、仪器的四周;

② 将气相防锈剂浸涂在纸上,经干燥后用来包装金属构件、仪器等;

③ 将工件浸于含气相缓蚀剂的液体中,然后放入塑料袋中包装;

④ 将气相缓蚀剂溶于油中配制成气相防锈油;

⑤ 气相防锈塑料是将气相缓蚀剂与"覆盖膜"一起涂在基膜上(基膜是聚乙烯,双层),用热压法压成包装代薄膜,可以包装各种金属件或成品。

就缓蚀机理、缓蚀剂种类、应用范围等方面而言,缓蚀剂的发展速度非常快,但海水介质中的缓蚀剂研究相对比较缓慢。目前海水中所应用的缓蚀剂主要是咪唑、噻唑以及亚砜的衍生物,其主要作用是阻止或减缓海水对金属的腐蚀速率。缓蚀剂可以与其他防腐措施结合使用,且缓蚀剂之间也可以配合应用,在多种环境条件下,其是最为有效的防腐控制方法。将缓蚀剂与阴极保护联合使用,可以显著提高缓蚀率,同时延长设备寿命,并且缓蚀剂的消耗和阴极保护电流也会降低为原来的 $1/20 \sim 1/3$。

近年来,环境友好型缓蚀剂的概念被提出,并逐步成为未来的发展热点。海水淡化过程中还要同时添加抑垢剂防止结垢与垢下腐蚀,以及添加杀菌剂防止微生物腐蚀。大量化学药剂的添加不仅造成海水淡化成本过高,而且浓盐水排放也对环境有潜在影响,很多学者已经开始研究开发无毒无害、可生物降解的环境友好高效缓蚀剂。

3.1.2　电化学保护缓蚀方法

电化学保护是指通过施加外电动势将被保护金属的电位移向免蚀区或钝化区,以减少或防止金属腐蚀的方法,这是一项经济而有效的防护措施。电化学保护技术已广泛应用于舰船、海洋工程、石油及化工等领域。电化学保护按作用原理可分为阴极保护和阳极保护。

3.1.2.1　阴极保护

将被保护金属作为阴极,进行外加阴极极化以降低或防止金属腐蚀的方法称为阴极保护。阴极保护可以通过外加电流法和牺牲阳极法两种途径来实现。

(1) 外加电流法。

将被保护金属设备与直流电源的负极相连,使之成为阴极,阳极为一个不溶性的辅助电极,利用外加阴极电流进行阴极极化,二者组成宏观电池实现阴极保护,如图 3.3 所示。这种方法称为外加电流法阴极保护。

(2) 牺牲阳极法。

在被保护金属设备上连接一个电位更负的金属或合金作为阳极,依靠它不断溶解所产生的阴极电流对金属进行阴极极化的方法称为牺牲阳极法阴极保护。牺牲阳极法阴极保护是较古老的电化学保护法。早在 1824 年英国的戴维

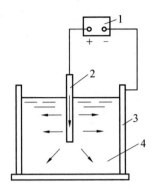

图 3.3　外加电流阴极保护示意图

1—直流电源;2—辅助阳极;3—被保护设备;4—腐蚀介质

(Davy)就提出用锌块来保护船舶,之后逐步推广到保护港湾设施、地下管道和化工机械设备等方面。近年来,随着海上油田的开发,牺牲阳极法已用于保护采油平台和海底管线。

1. 阴极保护原理

两种方法实现的阴极保护,其基本原理是相同的。现以金属 Fe 为例说明外加电流阴极保护的实质。由 $Fe-H_2O$ 体系的电位-pH 图(图 3.4)看出,将处于腐蚀区的金属(图中 A 点,其电位为 E_A)进行阴极极化,使其电位向负移至 Fe 的稳定区(图中 B 点,其电位为 E_B),则金属 Fe 可由腐蚀状态进入热力学稳定状态,金属 Fe 的溶解被抑制,从而得到保护。或者将处于过钝化区的金属(图中 D 点,其电位为 E_D)进行阴极极化,使其电位向负移至钝化区,则金属可由过钝化状态进入钝化状态而得到保护。

阴极保护原理也可用腐蚀极化图进行解释。图 3.5 为被保护的金属通电流后的极化图。由图可看出,没有进行保护时,腐蚀金属微电池的阳极极化曲线 E_aT 与阴极极化曲线 E_cD 相交于 B 点(忽略溶液电阻)。此点对应的电位为金属的自腐蚀电位 E_{corr},对应的电流为金属的自腐蚀电流 i_{corr},在腐蚀电流 i_{corr} 作用下,微阳极不断溶解。当对该金属体系进行阴极保护,通入外加阴极电流使金属极化至 E_1 时,总的阴极电流为 i_c,其中一部分电流是外加的,用 i_c^{ex} 表示,另一部分电流是微阳极腐蚀电流 i_a。因此,阴极电流可用下式表示:

$$i_c = i_a + i_c^{ex} \tag{3.2}$$

式中　i_c^{ex} ——外加阴极电流;

　　　i_a ——被保护金属的微阳极电流;

　　　i_c ——被保护金属的阴极电流。

此时微电池的阳极电流比其自腐蚀电流小。说明金属的腐蚀速率降低了,由此得到了部分保护,因此当外加阴极极化电流继续增大时,金属体系的电位将

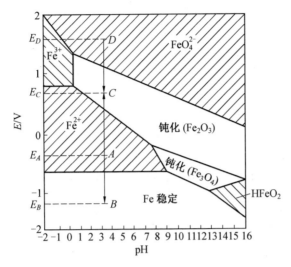

图 3.4　$Fe-H_2O$ 体系的电位-pH 图

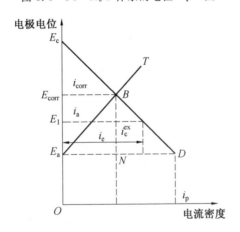

图 3.5　被保护的金属通电流后的极化图

变负。当金属阴极极化电位达到微电池阳极的起始电位 E_0 时,阳极腐蚀电流为零,即外加阴极电流等于 i_c,金属得到了完全保护,金属的腐蚀停止。此时金属表面只发生阴极还原反应。金属的阳极电位 E_a 称为最小保护电位,当阴极极化使电位更负时,阴极上可能析氢,产生氢脆的危险,还将使表面的涂层损坏,且增加电能消耗。在达到完全保护时与最小保护电位相对应的、所需的电流密度称为最小保护电流密度。如超过该值,不仅消耗电能,而且使保护作用降低,即发生"过保护"现象。

2. 阴极保护的基本参数

在阴极保护中,判断金属是否达到完全保护,通常用最小保护电位和最小保护电流密度这两个基本参数。

(1)最小保护电位。

从图 3.5 可看出,要使金属达到完全保护,必须使阴极极化电位达到其腐蚀微电池的阳极初始电位 E_a,此电位为最小保护电位。最小保护电位的数值与金属的种类、介质的条件(成分、浓度等)有关。一般根据经验数据或通过实验来确定。表 3.3 列出了不同金属在海水和土壤中进行阴极保护时采用的保护电位值。近年来我国制定了阴极保护国家标准,标准规定钢质船舶在海水中的保护电位范围为 $-0.95 \sim -0.75$ V。

表 3.3　不同金属在海水和土壤中进行阴极保护时采用的保护电位值　　　　V

金属或合金	参比电极		
	Cu/饱和 $CuSO_4$	Ag/AgCl	Zn
铁与钢(含氧环境)	-0.85	-0.80	$+0.25$
铁与钢(缺氧环境)	-0.95	-0.90	$+0.15$
铜合金	$-0.5 \sim -0.65$	$-0.45 \sim -0.60$	$+0.6 \sim +0.45$
铝及铝合金	$-0.95 \sim -1.20$	$-0.90 \sim -1.15$	$+0.15 \sim +0.10$
铅	-0.60	-0.55	$+0.50$

(2)最小保护电流密度。

最小保护电流密度很难统一规定。根据经验,表 3.4 列举了钢在不同介质中的最小保护电流密度值,以供参考。

表 3.4　钢在不同介质中的最小保护电流密度值

金属	介质	最小保护电流密度/$(A \cdot m^{-2})$	实验条件
铁	$HCl(c(HCl)=1 \text{ mol/L})$	920	吹入空气,缓慢搅拌
铁	$HCl(c(NaOH)=0.1 \text{ mol/L})$	350	吹入空气,缓慢搅拌
铁	$H_2SO_4(c(H_2SO_4)=0.325 \text{ mol/L})$	310	吹入空气,缓慢搅拌
钢、铸铁	$H_2SO_4(c(H_2SO_4)=0.005 \text{ mol/L})$	$6 \sim 220$	吹入空气,缓慢搅拌
铁	$NaOH(c(NaOH)=5 \text{ mol/L})$	2	100 ℃
铁	$NaOH(c(NaOH)=10 \text{ mol/L})$	4	100 ℃
钢	$NaOH(w(NaOH)=30\%)$	3	100 ℃左右
钢	$NaOH(w(NaOH)=60\%)$	5	100 ℃左右
铁	$c(NaOH)=5 \text{ mol/L}$ 的 NaCl 和饱和 $CaCl_2$	$1 \sim 3$	静止,18 ℃

续表 3.4

金属	介质	最小保护电流密度/(A·m⁻²)	实验条件
碳钢	饱和 NaCl 溶液,固体食盐和石膏的质量分数约 20%	0.15~0.2	55~125 ℃
铁	KOH(c(KOH)=5 mol/L)	3	100 ℃
铁	KOH(c(KOH)=10 mol/L)	3	100 ℃
碳钢	联碱结晶液(氨盐水) NH₃(c(NH₃)=3.2 mol/L) NH₃(c(NH₃)=1.44 mol/L) Cl(c(Cl⁻)=5 mol/L)	0.6	裸钢
碳钢	氨水混合液	0.125~0.19	表面有环氧树脂涂层
钢	脂肪酸和质量分数为 8% 的醋酸、质量分数为 4% 的甲醇、质量分数为 7% 的有机物及质量分数为 81% 的水的混合物	0.03	47 ℃
钢	质量分数为 75% 的工业磷酸	0.043 1.0	24 ℃ 85 ℃
钢	质量分数为 85% 的试剂磷酸 质量分数为 40% 的试剂磷酸 质量分数为 20% 的试剂磷酸	0.52 1.9 11	48 ℃ 48 ℃ 48 ℃
钢	海水	0.15~0.17 0.065~0.86 0.022~0.032 0.001~0.01 0.15~0.25 0.5~0.8	海水冷却器 有潮汛 静止 静止,表面有新涂乙烯漆 泵体 泵的叶轮
钢	土壤	0.016 6 0.001~0.003	有破坏的沥青覆盖层 有较好的沥青玻璃布覆盖层
钢	河水	0.05~0.1	室温、静止
钢	混凝水	0.055~0.27	潮湿

3. 阴极保护法采用的阳极材料

两种阴极保护方法都要选择阳极材料,但两种方法所选用的阳极材料及其作用是完全不同的。

(1)外加电流法阴极保护的辅助阳极。

在外加电流法阴极保护中,与直流电源正极相连的电极称为辅助阳极。它的作用是使外加电流从阳极经过介质流到被保护的金属上构成回路。辅助阳极的电化学性能、机械性能以及阳极的形状分布等均对阴极保护的效果有重要影响。因此,阳极材料应满足以下要求:

① 具有良好的导电性和较小的表面输出电阻;

② 在高电流密度下阳极极化小,即在一定的电压下,单位面积上能通过较大的电流;

③ 具有较低的溶解速度,耐蚀性好,使用寿命长;

④ 具有一定的机械强度、耐磨、耐冲击等;

⑤ 价格便宜,容易制作。

一般采用的材料有石墨、高硅铸铁、铅银($w(Ag) = 1\% \sim 3\%$)合金、铂及镀铂的钛电极等。

(2)牺牲阳极法阴极保护所用的阳极材料。

牺牲阳极法所用材料必须满足以下条件:

① 电位足够负,可供应充足的电子,使被保护金属设备发生阴极极化,但是电位又不宜太负,以免在阴极区发生析氢反应引起氢脆;

② 理论输出电量高,即单位质量阳极金属溶解时产生的电量多,一般电流效率都在$80\% \sim 90\%$(电流效率是有效电量与理论发生电量的百分比);

③ 阳极的极化率要小,容易活化,输出电流稳定;

④ 阳极的自腐蚀电流小,金属溶解所产生的电量应大部分用于阴极保护;

⑤ 价格便宜,易加工、无公害。

根据以上条件,牺牲阳极材料主要有镁基合金、锌基合金和铝基合金三大类。它们的基本性能见表3.5。三种合金的典型代表有:Zn-(0.3~0.6) Al-0.1Cd、Al-2.5Zn-0.02In-0.01Cd、Al-5Zn-0.5Sn-0.1Cd、Mg-6Al-3Zn。

海底管线和海洋平台立柱以往都采用锌阳极保护,近年来有逐渐被铝合金阳极取代的趋势。

在我国,应用最普遍的铝合金牺牲阳极是Al-Zn-In系合金,加入微量的铟可明显改善铝的活性,但加入过量铟将使铝合金的电流效率下降,点蚀电位变负。

Al-Zn-In系合金化学成分和电化学性能分别见表3.6和表3.7。

表 3.5　镁基、锌基和铝基牺牲阳极的性能

阳极材料	密度/ $(g \cdot cm^{-3})$	理论电化当量/ $(g \cdot A^{-1} \cdot h^{-1})$	理论发生电量/ $(A \cdot h \cdot g^{-1})$	电位(SCE)/ V	电流效率/%
锌合金	7.8	1.225	0.82	$-1.0 \sim -1.1$	约 90
镁合金	1.47	0.453	2.21	约 1.5	约 50
铝合金	2.77	0.337	2.97	$-0.95 \sim -1.1$	约 80

表 3.6　Al－Zn－In 系合金化学成分

合金种类	化学成分(质量分数)/%								
	Zn	In	Cd	Sn	Mg	Si	Fe	Cu	Al
Al－Zn－In－Cd	$2.5 \sim$ 4.5	$0.018 \sim$ 0.050	$0.005 \sim$ 0.020	—	—	$\leqslant 0.13$	$\leqslant 0.16$	$\leqslant 0.02$	余量
Al－Zn－In－Cd	$2.2 \sim$ 5.2	$0.020 \sim$ 0.045	—	$0.018 \sim$ 0.035	—	$\leqslant 0.13$	$\leqslant 0.16$	$\leqslant 0.02$	余量
Al－Zn－In－Si	$5.5 \sim$ 7.5	$0.025 \sim$ 0.035	—	—		$0.10 \sim$ 0.15	$\leqslant 0.16$	$\leqslant 0.02$	余量
Al－Zn－In－Sn－Mg	$2.5 \sim$ 4.0	$0.020 \sim$ 0.050	—	$0.025 \sim$ 0.075	$0.50 \sim$ 1.00	$\leqslant 0.13$	$\leqslant 0.16$	$\leqslant 0.02$	余量

表 3.7　Al－Zn－In 电化学性能

项目	开路电位(SCE) /V	工作电位(SCE) /V	实际发生电量 /$(A \cdot h \cdot kg^{-1})$	电流效率 /%	溶解状况
性能	$-1.18 \sim -1.20$	$-1.12 \sim -1.05$	$\geqslant 2\,400$	$\geqslant 85$	腐蚀产物容易脱落,表面溶解均匀

3.1.2.2　阳极保护

将被保护设备与外加直流电源的正极相连,使之成为阳极,进行阳极极化,使被保护设备腐蚀速率降到最小,这种方法称为阳极保护。阳极保护是一门较为传统的防护技术,最初在工业上应用于防止碱性纸浆蒸煮锅的腐蚀。近年来,阳极保护技术已用到制造硫酸、磷酸及有机酸等的设备上,收到较好的效果。

1. 阳极保护基本原理

将处于腐蚀区的金属进行阳极极化,使其电位向正移至钝化区(如图 3.4 中

C 点,其电位为 E_C),则金属可由腐蚀状态(活态)进入钝化状态,使金属腐蚀速率降低而得到保护。

2. 阳极保护的主要参数

阳极保护的关键是被保护设备与环境能建立可钝化体系。因此首先要测定出被保护金属在给定环境中的阳极极化曲线,看其是否具有图 3.4 所示的明显钝化特征,然后根据所测曲线确定出三个基本参数。

(1)临界电流密度(致钝电流密度)i。

临界电流密度是指金属刚进入钝态时对应的电流密度。一般来讲,i 越小越好,如果 i 过大,建立钝态时需要大的整流器,从而增加了设备投资费用。另外,还增加了致钝过程中金属的阳极溶解。

(2)维钝电流密度 i_p。

维钝电流密度表示金属在钝态下的腐蚀速率。维钝电流密度越低,设备的腐蚀速率越小,防蚀效果越显著,耗电越小。因此,i_p 的大小决定了阳极保护有无实际应用价值。影响钝化区电位范围的主要因素是金属材料和腐蚀介质的性质。

(3)钝化区电位范围($E_p \sim E$)。

钝化区电位范围是指阳极保护时应该维持的安全电位范围。钝化区电位范围越宽越好,一般不能小于 50 mV。如果钝化区电位范围太窄,外界条件稍有变化时,金属就很容易从钝化区进入活化区或过钝化区,不但无法起到保护作用,而且在通电情况下,还会加速金属设备的腐蚀。

表 3.8 为部分金属材料在某些介质中实施阳极保护时的三个主要参数值,可供参考。

表 3.8 部分金属材料在某些介质中实施阳极保护时的三个主要参数值

介质	材料	温度/℃	致钝电流密度/ $(A \cdot m^{-2})$	维钝电流密度/ $(A \cdot m^{-2})$	钝化区电位范围/ mV
105% H_2SO_4	碳钢	27	62	0.31	+100 以上
96%~100% H_2SO_4	碳钢	93	6.2	0.46	+600 以上
96%~100% H_2SO_4	碳钢	279	930	3.1	+800 以上
96% H_2SO_4	碳钢	49	1.55	0.77	+800 以上
89% H_2SO_4	碳钢	27	155	0.155	+400 以上
67% H_2SO_4	碳钢	27	930	1.55	+1 000~+1 600
50% H_2SO_4	碳钢	27	2 325	31	+600~+1 400

续表 3.8

介质	材料	温度/℃	致钝电流密度/(A·m⁻²)	维钝电流密度/(A·m⁻²)	钝化区电位范围/mV
96%H₂SO₄ 被 Cl₂ 饱和	碳钢	50	2～3	1.5	+800 以上
90%H₂SO₄ 被 Cl₂ 饱和	碳钢	50	5	0.5～1	+800 以上
76%H₂SO₄ 被 Cl₂ 饱和	碳钢	50	20～50	<0.1	+800～+1 800
67%H₂SO₄	不锈钢	24	6	0.001	+30～+800
67%H₂SO₄	不锈钢	66	43	0.003	+30～+800
67%H₂SO₄	不锈钢	93	110	0.009	+100～+600
75%H₂PO₄	碳钢	27	232	23	+600～+1 400
115%H₂PO₄	不锈钢	93	1.9	0.001 3	+20～+950
115%H₂PO₄	不锈钢	177	2.7	0.38	+20～+900
85%H₂PO₄	不锈钢	135	46.5	3.1	+200～+700
20%HNO₃	碳钢	20	10 000	0.07	+900～+1 300
30%HNO₃	碳钢	25	8 000	0.2	+1 000～+1 400
40%HNO₃	碳钢	30	3 000	0.26	+700～+1 300
50%HNO₃	碳钢	30	1 500	0.03	+900～+1 200
37%甲酸	不锈钢	沸腾	100	0.1～0.2	+100～+500
37%甲酸	铬锰氮钼钢	沸腾	15	0.1～0.2	+100～+500
30%草酸	不锈钢	沸腾	100	0.1～0.2	+100～+500
30%草酸	铬锰氮钼钢	沸腾	15	0.1～0.2	+100～+500
70%醋酸	不锈钢	沸腾	10	0.1～0.2	+100～+500
30%乳酸	不锈钢	沸腾	15	0.1～0.2	+100～+500
20%NaOH	不锈钢	24	47	0.1	+50～+350
25%NH₄OH	碳钢	室温	2.65	<0.3	−800～+400
碳化液:$c(NH_3)=5$ mol/L $c(CO_2)=3.17$ mol/L	碳钢	40	200	0.5～1	−300～+900
60%NH₄NO₃	碳钢	25	40	0.002	+100～+900
80%NH₄NO₃	碳钢	120～130	500	0.004～0.02	+200～+800
LiOH(pH=9.5)	不锈钢	24	0.2	0.000 2	+20～+250
LiOH(pH=9.5)	不锈钢	260	1.05	0.12	+20～+180

阳极保护法发展较晚,而且在不能钝化的金属上或含 Cl 离子的介质中不能使用。因此,阳极保护法应用有限,其特别适用于不锈钢,主要应用于处理硫酸、发烟硫酸和磷酸的设备。对于钛材,阳极保护也具有重要意义,这是由于该金属具有优良的钝化性能。阳极保护法也可用来防止碳钢在多种盐溶液中的腐蚀,尤其可用于硝酸盐和硫酸盐溶液;采用阳极保护法来防止液态肥料的腐蚀更具有特殊的意义。图 3.6 所示为阳极保护法在运输肥料的铁路槽车上的应用实例示意图。

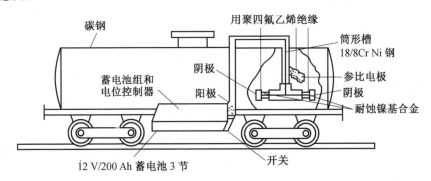

图 3.6　阳极保护法在运输肥料的铁路槽车上的应用实例示意图

另外,阳极保护法可用来防止碳钢在碱溶液中的应力腐蚀,如对使用碱性的纤维蒸煮锅进行的阳极保护。

阳极保护法对辅助阴极材料的要求:

①阴极不极化;

②有一定的机械强度;

③来源广泛,价格便宜,容易加工。

对浓硫酸介质,可采用铂或镀铂电极、高硅铸铁等;对稀硫酸介质,可用铝青铜、石墨等。在碱性溶液中,可用普通碳钢;在盐溶液中,可用高镍铬合金或普通碳钢。

一般来说,阳极保护时,电流分散能力要优于阴极保护。

3.2　铜及铜合金海水环境物理法缓蚀控制

3.2.1　表面涂镀保护层缓蚀方法

3.2.1.1　金属涂层

1.电镀

电镀是使电解液中的金属离子在直流电的作用下,于阴极表面沉积出金属而成为镀层的工艺过程。电镀时,把待镀的零部件作为阴极与直流电源的负极相连接,把作为镀层金属的阳极与直流电源的正极相连接。电镀槽中注入含有镀层金属离子的盐溶液(包括各种必要的添加剂)。

接通电源后,阳极上发生金属溶解的氧化反应,例如镀铜时 $Cu \rightarrow Cu^{2+} + 2e$;阴极上发生金属析出的还原反应,如 $Cu^{2+} + 2e \rightarrow Cu$。这样,阳极上的镀层金属不断溶解,同时在阴极的工件表面不断析出,电镀液中的盐浓度不变。如果阳极是不溶性的,则需随时向电解液中补充适量的盐,以维持其浓度。镀层的厚度可由电镀时间控制。

电镀能提高金属零部件的防腐、耐热、耐磨性能,并同时赋予零部件以装饰性外观,因此得到广泛应用。目前可电镀纯金属如 Ni、Cr、Cu、Sn、Zn、Cd、Fe、Pb、Co、Au、Ag 等及合金如 Zn-Ni、Cd-Ti、Cu-Zn、Cu-Sn 等;此外,近年还出现了复合镀,如 Ni-SiC、Ni-石墨等。电镀制成的金属涂层优点有:镀层厚度可控;镀层可以做得很薄,节约金属;镀层均匀、致密、表面光洁;一般无须加热或加热温度不高。但电镀一般只适于较小型部件,对于大型工件,电镀应用则受到限制。

2. 热镀

把工件浸入熔融金属中,以获得金属涂层的工艺称为热镀,也称热浸镀。这是在钢铁制件上获取金属涂层最古老的方法之一,因其工艺简单,所以在工业上应用比较普遍。

热镀方法需满足如下条件:①镀层金属的熔点较低。这主要出于节能及保持被镀制件机械性能的目的。目前广泛用于镀层的金属有 Zn、Sn、Al、Pb 及其合金。钢铁材料是这些镀层金属的主要基体材料。②熔融的镀层金属与被镀金属能够润湿。③工件必须能和镀层金属形成化合物或固溶体,以便镀层和基体之间具有足够的结合力而不起皮、不脱落。

3. 扩散镀

一种或几种元素从基体表面向其内部扩散,形成与基体成分和性能不同的表层的过程称为扩散镀,也常称为渗镀或表面合金化。这里的渗透过程是一个热化学过程。在渗透区域内,渗透元素与基体元素发生化学反应,并可能分别形成固溶体、析出物和化合物类型的表面层。扩散处理提供一个厚度均匀的涂层,即便物体形状复杂,尺寸也不会有明显变化。

锌与钢的扩散处理具有实际的应用价值,且该方法被用于螺钉、钉子、铰链及其他小的钢件。粉末渗锌是将工件和渗透剂即锌粉、砂子(如氧化铝粉末),有时还有作为激活剂的卤族化合物(如氯化铵粉末)一起置于容器中,容器被密封,并且放在 $350 \sim 400\ ℃$ 的炉中数小时。在处理中,工件得到一富锌表面区,此表面区厚度取决于反应时间,它能在 $10 \sim 50\ \mu m$ 间变化。钢还能用铝(渗铝)或铬

(渗铬)进行扩散处理。

4. 化学镀

化学镀指通过置换或氧化－还原反应,来实现盐溶液中的金属离子在被保护金属上沉积。例如,在钢上镀铜,其反应为

$$Fe + Cu^{2+} \longrightarrow Cu + Fe^{2+} \tag{3.3}$$

这个方法较经济,但镀层通常较薄($1\ \mu m$),并且多孔洞,不能很好地附着在钢上。

在氧化－还原反应中,借助加入槽中的还原剂产生沉积。例如,用酸性次磷酸盐槽镀镍,总反应为

$$Ni^{2+} + H_2PO_2^- + H_2O \longrightarrow Ni + H_2PO_3^- + 2H^+$$

化学镀镍甚至能在有缝隙和复杂形状的物体上获得均匀的镀层厚度。沉积速度实际上是恒定的,与镀层厚度无关。用亚磷酸盐槽化学镀镍能得到一个镍磷合金表层(质量分数为 $2\% \sim 13\%$ 的磷)。从硬度和延性考虑,磷含量是镀层特性的决定因素。化学镀镍比电镀的成本高很多。

除了在金属表面,还可以在一些非金属如塑料表面通过化学镀,形成金属覆盖层。这种技术在家用电器外壳、各类标牌制造上有广泛应用。

5. 金属喷涂

金属喷涂用喷枪进行,涂层金属在喷枪里被熔化或软化,以粒状形式高速射向工件。金属喷涂有以下几种工艺(图 3.7)。

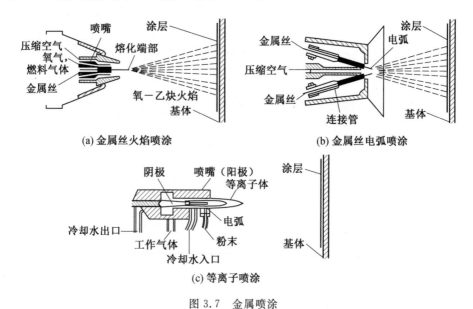

(a) 金属丝火焰喷涂　　(b) 金属丝电弧喷涂

(c) 等离子喷涂

图 3.7　金属喷涂

(1) 火焰喷涂。金属丝或粉末被氧－乙炔火焰熔化,火焰或压缩空气流把金

属破碎得很细,并输送到工件的过程称为火焰喷涂。

(2)电弧喷涂。金属丝或粉末被丝间的电弧熔化,强的压缩空气流将金属破碎,并输送到工件的过程称为电弧喷涂。

(3)等离子喷涂。粉末先被离子化的氩气等离子束熔化,然后这些高速熔化的金属颗粒被射向工件的过程称为等离子喷涂。等离子喷涂最初用于高熔点材料,如陶瓷涂层,通过金属喷涂可得到 $40\sim500~\mu m$ 厚的防腐涂层。在某些情况下,涂层甚至更厚。

等离子喷涂能保护熔化金属不氧化,并使微粒强有力地撞击工件,从而使得到的涂层氧化物少和孔隙度小(0.5%～2%)。火焰或电弧喷涂则不能防止金属被氧化,微粒的撞击也小,造成较高的氧化物比例和较大的孔隙(3%～7%)。由于涂层有孔隙,所以常需用油漆封闭。

金属喷涂常用的喷涂金属有铝、锌、不锈钢和铅等,这个方法适用于大工件的涂层和涂层损伤的修复。

6.机械方法

金属涂层可通过以下几种机械方法形成:

① 金属包镀。将涂层金属以冷态或热态轧合在基体材料上的方法称为金属包镀。

② 爆炸镀。将涂层金属板和基体通过爆炸焊在一起的方法称为爆炸镀。

③ 挤压。挤压基体材料和涂层金属被挤压在一起。

④ 堆焊。堆焊即涂层金属的堆焊。

3.2.1.2　非金属涂层

1.无机涂层

(1)搪瓷涂层。

搪瓷又称珐琅,是类似玻璃的物质。搪瓷涂层是将瓷釉涂搪在金属底材上,经高温烧制而成的金属与瓷釉的复合物。

搪瓷层的性能主要取决于瓷釉的组成和搪制质量。瓷釉的主要成分是耐蚀玻璃料,它是由耐火氧化物、助熔剂和少量添加剂混合熔融烧制而成的。耐火氧化物一般是 SiO_2 含量极为丰富的石英、长石等天然岩石;助熔剂多为硼砂、硼酸、碳酸钾、碳酸钠和一些氟化物;添加剂的加入是为了使搪瓷层与基体紧密结合,或者为了获得其他性能如光泽和色调等。

质量分数高于 60% 的 SiO_2 的搪瓷耐蚀性能特别好,称为耐酸搪瓷。耐酸搪瓷常用于制作化学工业的各种容器衬里,在高温高压下,它能够抵抗有机酸、除氢氟酸和磷酸外所有无机酸以及弱碱的侵蚀。由于搪瓷涂层没有微孔和裂纹,所以能将反应介质与钢材基体完全隔开。除了防蚀效果好外,搪瓷对产品也没有污染。搪瓷层是脆性材料,要防止机械冲击及热冲击作用,否则将会使涂层加速破坏。

(2)硅酸盐水泥涂层。

硅酸盐水泥涂层是将硅酸盐水泥浆料涂覆在大型钢管内壁,固化后形成涂层。由于它价格低廉,使用方便,且膨胀系数与钢接近,不易因湿度变化发生开裂,因此广泛用于水溶液和土壤中的钢及铸铁管线的防腐,效果较好。涂层厚度为 0.5~2.5 cm,使用寿命最高可达 60 年。硅酸盐水泥涂层带有碱性,因此易受酸性气体及酸溶液的侵蚀,近年来已在成分上做了相应调整。这类涂层不耐机械冲击及热冲击。

(3)陶瓷涂层。

陶瓷涂层又称高温涂层。它是采用热喷涂等方法将陶瓷材料涂覆于金属表面形成的涂层。涂层主要成分为氧化铝、氧化锆等耐高温氧化物,厚度一般为 0.3~0.5 mm,工作温度为 1 000~1 300 ℃。其优点是具有耐高温、抗氧化、耐腐蚀、耐磨、耐气体冲蚀以及良好的热震稳定性和绝热、绝缘性能,同时具有一定的机械性能。陶瓷涂层主要用于喷气发动机、燃气轮机等。

(4)化学转化涂层。

化学转化涂层又称化学转化膜,它是金属表层原子与介质中的阴离子发生化学反应,在金属表面生成附着性好、耐蚀性优良的薄膜。用于防蚀的化学转化涂层有以下几种:

① 磷酸盐膜。磷酸盐膜指在含磷酸和可溶性磷酸盐溶液中用化学方法在金属表面生成不可溶的、附着性良好的保护膜。这种成膜过程称为金属的磷化或磷酸盐处理。磷酸盐处理多用在钢铁上,工业上应用的有磷酸锌、磷酸铁、磷酸锰、磷酸钙、磷酸钠及磷酸铵处理等。磷化工艺分为高温(90~98 ℃)、中温(50~70 ℃)和常温(15~35 ℃);磷化施工方法主要有浸渍、喷淋或浸喷组合法,依磷化工艺及工件状况来选择。磷化膜的厚度一般为 1~50 μm,在实际中厚度通常采用的单位是单位面积涂层质量。因涂层孔隙较大,耐蚀性较差,所以磷化后必须用重铬酸钾溶液、肥皂液或浸油等进行封闭处理。这样处理的金属表面在大气、矿物油、动植物油、苯、甲苯等介质中,均具有很好的抗腐蚀能力;但在酸、碱、海水及水蒸气中耐蚀性较差。防护用磷化膜涂层质量一般为 10~40 g/m²,磷化后涂防锈油、防锈蜡、防锈脂等。经磷化处理后,膜层中性盐雾实验结果出现第一个锈点的时间:钢铁件涂防锈油为 15 h、钢铁件+磷酸锌膜(16 g/m²)+防锈油为 550 h、钢铁件+磷酸锌膜(40 g/m²)+防锈油为 800 h。可见耐蚀性有极大改善。磷酸盐处理结合防锈油漆被广泛地用于冷轧钢板制成的产品,如轿车车身等。另外,磷化膜常作为油漆的底层以增强漆膜与钢铁工件的附着力及防护性,提高钢铁工件的油漆质量,此时膜层较薄,在 0.2~10 g/m² 之间。这

种方法可应用于中等腐蚀环境的板状金属结构中,如农用机器。此外磷化膜还用于冷加工润滑、减摩及电绝缘等方面,磷化膜的使用温度不得超过 150 ℃。

② 铬酸盐层。常在锌、镉、铝、镁、黄铜上应用这种涂层,在铬酸或铬酸盐的水溶液中进行。水溶液中常含有其他添加剂,如磷酸和氢氟酸,在表面形成一层薄的铬酸盐层,厚度范围一般为 $0.01 \sim 0.15\ \mu m$,呈绿色、黄色、黑色或浅蓝色,并有一定的防蚀能力。铬酸盐层大量地用于镀锌钢材,以得到储运中的耐白锈性能;不过人与六价铬接触易产生过敏性湿疹;此外白锈保护层不易除去,给以后的上漆带来困难。现在正致力于发展一种没有铬酸盐缺点的有效的抗白锈防护措施。铬酸盐层作为一种装饰性防护还广泛地用于铝的漆前热处理。黄色铬酸盐一般能改善漆层在铝表面的附着。

③ 钢铁的化学氧化膜。钢铁的化学氧化膜是指采用化学方法在钢铁制品表面生成一层保护性氧化物膜(Fe_3O_4),表面一般呈蓝黑色或深黑色,故又称为钢铁的发蓝。发蓝方法有酸性和碱性发蓝,后者用得较多。碱性发蓝是将钢铁制品浸入含有氧化剂(亚硝酸钠或硝酸钠)的氢氧化钠溶液中,在 $135 \sim 145$ ℃下进行氧化处理。膜层为 $0.5 \sim 1.5\ \mu m$,氧化处理时不析氢,故不会产生氢脆。因膜层很薄,对零件尺寸和精度无显著影响。

钢铁零件经氧化处理后,其抗蚀性能仍较差,需用肥皂液、浸油或经重铬酸溶液进行补充处理。经补充处理后的膜层,其抗蚀性和润滑性都大大提高,可用于在 200 ℃以下润滑油中工作的、高精度配合零件的保护层。

钢铁的氧化处理广泛应用于机械零件、电子设备、精密光学仪器、弹簧和武器等的防护装饰方面,但使用过程中应定期擦油。

④ 铝的阳极氧化膜。铝在空气中生成的钝化膜厚度为 $3 \sim 5\ nm$,经铬酸、草酸、硫酸溶液阳极氧化处理后,氧化膜厚度可达几十至几百微米。这种氧化膜与底金属结合得非常牢固,但由于具有多孔性,其耐蚀性能并没有显著提高。为了提高阳极氧化膜的耐蚀性、绝缘性和耐磨性,氧化后要进行封闭处理。常采用重铬酸钾溶液使氧化膜孔隙下的基体钝化。有时也采用沸水或水蒸气处理,氧化铝发生水合作用,体积膨胀,使微孔封闭。经上述封闭处理后,再在氧化膜上涂以油脂,其抗蚀性可大大提高。未封闭前的氧化膜具有很强的吸附染料能力,利用这个特点可给阳极氧化铝表面染上各种颜色,形成彩色保护层,作为表面装饰。铝的阳极氧化膜在航空、汽车制造工业、民用工业上都有广泛的应用。

2. 有机涂层

(1)涂料涂层。

① 涂层的基本组成及作用。

涂料又称漆,是一种有机高分子混合物,用以保护和装饰物体的表面,使其免受外界环境(如大气、化学品、紫外线等)侵蚀,掩盖表面的缺陷(凹凸不平、斑疤或色斑等），赋予表面丰富的色彩，改善外观。因此涂料在各种防腐措施中占有十分重要的地位。涂料涂层一般由四个主要部分组成，即成膜物质、颜料、分散介质和助剂，其基本组成及作用见表3.9。

表3.9　涂料涂层的基本组成和作用

基本组成	典型品种	主要作用
成膜物质	合成高分子、天然树脂、植物油脂	作为涂料的基础，粘接其他组分，牢固附着于被涂物表面，形成连续固体涂膜，决定涂料及涂膜的基本特征
颜料	钛白粉、滑石粉、铁红、铅黄、铝粉、云母	具有着色、遮盖、装饰作用，并能改善涂膜性能（如防锈、抗渗、耐热、导电、耐磨等），降低成本
分散介质	水、挥发性有机溶剂（如酯、酮类）	使涂料分散成黏稠液体，调节涂料流动性、干燥性和施工性，本身不能成膜，在成膜过程中挥发
助剂	固化剂、增塑剂、催干剂、流平剂等	本身不能单独成膜，但改善涂料制造、贮存施工、使用过程中的性能

② 涂层的保护机理。

a.屏蔽作用。许多涂料对酸、碱、盐等腐蚀介质显示化学惰性，且介电常数高，阻止了腐蚀电路的形成，因此，金属表面涂漆后，把金属表面与环境隔开，起到了屏蔽作用。但是涂料用高聚物具有一定的透气性，其结构气孔的平均直径比水和氧的分子直径大1～3个数量级，这样的涂层不能阻止或减缓金属的腐蚀。因此涂层的抗渗性是涂层起屏蔽作用的关键，为提高抗渗性，防腐涂料应选用聚集态结构紧密、透气性小的成膜物质，屏蔽作用大的固体填料及挥发后不易留有孔隙的溶剂；同时，应适当增加涂覆次数，以使涂层达到一定的厚度而致密无孔。

b.钝化缓蚀作用。钝化缓蚀作用是借助涂料中的防锈颜料与金属反应，使金属表面钝化或生成保护性的物质，以提高涂层的防护能力。另外，许多油料占金属皂的催化作用下生成的降解产物，也能起到有机缓蚀剂的作用。

c.电化学保护作用。在涂料中使用电位比铁低的金属（如锌等）作为填料，会起到牺牲阳极的阴极保护作用。而且锌腐蚀产物是碳酸锌、氯化锌，它们会填塞、封闭膜的孔隙，从而使腐蚀大大降低。

③ 涂层的结构。

通常，一种涂层不能同时满足防腐装饰等使用要求。因此，一般的涂层结构包括底漆、中间层和面漆。每层按需要涂刷一至数次。

底漆直接与金属接触,是整个涂层体系的基础。它必须对表面金属具有良好的附着性能,还要能防止腐蚀。因此,大多数情况下,底漆除含有黏结剂外,还有活性剂。

中间层是为了与底、面漆结合良好,有时也为了增加涂层厚度以提高屏蔽作用。

面漆直接与环境接触,因此要具有耐化学环境腐蚀性、抗紫外线、耐候性等,同时还要使表面美观。面漆的主要组分是颜料和有机黏结剂。颜料应阻止阳光和水抵达基体,并给表面以颜色。颜料有二氧化钛、氧化铁、铝粉和硫酸钡。黏结剂要有良好的抗化学变化能力,主要有聚氯乙烯、氯化橡胶、氨基甲酸乙酯和环氧树脂等。

要根据环境的腐蚀性选择填料的类型、涂刷层数及涂层厚度。要保证底漆、中间漆和面漆是相容的。

④ 常用防腐涂料及其耐蚀性。

目前,常用的防腐涂料大多数属树脂类或橡胶类涂料。同一成膜物质制成的涂料具有基本相似的性质,但由于其他组分不同或施工处理条件不同,涂层性质在某些方面会有很大的差别;同一树脂因其分子量不同,制造方法不同,性能也会有明显不同;至于几种树脂混合组成的改性涂料,其性能更为复杂。

⑤ 涂装方法。

根据涂料品种、性能、施工要求及固化条件,以及被涂产品的材质、形状、大小、表面状况等具体情况,选择适当的施工方法和工艺设备。常用的涂装方法有:浸涂法、喷涂法、淋涂法,以及成本较低的静电喷涂、电泳涂装、粉末涂装和卷材辊涂法等。每涂一层都应干燥,干燥的方法有自然干燥、对流烘干、红外线烘干以及高周波电流烘干等。

⑥ 涂层的特点及应用。

涂层防腐具有许多优点,如品种多、适应性广、施工简便、不受被保护设备的大小与形状的限制、使用方便、比较经济等,因此在防腐过程中应用极为广泛。但是涂层通常都比较薄($<1~\mu m$),有孔隙,且机械性能一般较差,在强腐蚀介质、冲刷、冲击、腐蚀、高温等场合下,涂层易受破坏而脱落,所以在苛刻的条件下应用受到一定的限制。目前,防腐涂料主要用于设备、管道、建筑物的外壁和一些静止设备(如贮罐)的内壁等方面的防护。

(2)塑料与橡胶涂层。

这类涂层主要用作衬里,能够防止暴露在极强腐蚀性化学环境的金属表面受到腐蚀,如用于化学药品储存罐、反应容器、电解槽、酸洗槽、管道、叶片等的防护。塑料涂层还用于电镀钢板或铝板上。

涂层材料主要有:热固性塑料,如酚醛、环氧、聚酯塑料及玻璃钢;热塑性塑料,如乙烯、丙烯、酰胺、乙烯树脂、偏二氯乙烯及四氟乙烯等;橡胶,如天然橡胶、丁基橡胶、氯丁橡胶、腈橡胶及硬橡胶。不同类型的塑料和橡胶在使用性能、附着力、化学耐蚀性以及抗机械和热应力等方面均有很大不同,可根据使用环境及要求进行选择。

涂层的涂覆工艺有两种:①通过把溶液和悬浮体以类似涂漆的方法,即刷、浸和喷而得到涂层;②加热物件并使它与涂层粉末相接触(仅用于热塑性塑料),并通过流化床或喷涂进行涂覆。用这种方法可得到 0.2～2 mm 的涂层厚度;1～6 mm 的较厚涂层也可通过在经过喷砂仔细清理的金属表面粘贴膜或片来得到。利用玻璃布或切碎的玻璃纤维同树脂溶液混合,可以得到玻璃纤维加强的塑料涂层,即玻璃钢衬里。此外,防腐蚀特别是在地下管道中常采用绕带方法,即将管子除油除锈后,涂上底漆,再在其上缠绕聚氯乙烯薄膜或聚乙烯塑料。绕带经常同防止空气和细孔腐蚀的阴极保护相结合,因为细孔和间隙可能在施工和安装中出现。

3.2.2　防腐涂料

涂料是目前化工防腐中应用最广的非金属材料品种之一。由于过去的涂料主要是以植物油或采集漆树上的漆液为原料经加工制成的,因而称为油漆。石油化工和有机合成工业的发展,为涂漆工业提供了新的原料来源,如合成树脂、橡胶等。这样,油漆的名字就不够准确,称之为涂料更为恰当。

3.2.2.1　涂料的种类和组成

1. 涂料的种类

涂料一般可分为油基涂料(成膜物质为干性油类)和树脂基涂料(成膜物质为合成树脂)两类。按施工工艺又可分为底涂、中涂和面涂。底涂是用来防止已清理的金属表面产生锈蚀,并用它增强涂膜与金属表面的附着力;中涂是为了保证涂膜的厚度而设定的涂层;面涂为直接与腐蚀介质接触的涂层。因此,面涂的性能直接关系到涂层的耐蚀性能。

2. 涂料的组成

涂料的组成大体上可分为三部分,即主要成膜物质、次要成膜物质和辅助成膜物质。

(1)主要成膜物质:油料、树脂和合成橡胶。

在涂料中常用的油料是桐油、亚麻仁油等。树脂有天然树脂和合成树脂。天然树脂主要有沥青、生漆、天然橡胶等;合成树脂的种类很多,常用的有酚醛、环氧、呋喃、过氧乙烯、氟树脂。合成橡胶有氯磺化聚乙烯橡胶、氟橡胶及聚氨酯橡胶等。

(2)次要成膜物质:颜料。

颜料除使涂料呈现装饰性外,更重要的是改善涂料的物理、化学性能,提高涂层的机械强度和附着力、抗渗性和防腐蚀性能。颜料分为着色颜料、防锈颜料和体质颜料三种。着色颜料主要起装饰作用;防锈颜料起防蚀作用;体质颜料主要是提高漆膜的机械强度和附着力。

(3)辅助成膜物质。

辅助成膜物质只是对成膜的过程起辅助作用,包括溶剂(稀释剂)和助剂两种。

溶剂(稀释剂)的主要作用是溶解和稀释涂料中的固体部分,使之成为均匀分散的漆液。涂料敷于基体表面后即自行挥发,常用的溶剂(稀释剂)多为有机化合物,如松节油、汽油、苯类、醇类及酮类等。

助剂是在涂料中起某些辅助作用的物质,常用的有催干剂、增塑剂、固化剂、防老剂、流平剂、放沉剂、触变剂等。

3.2.2.2　常用的防腐涂料

涂料的种类很多,用于防腐蚀的涂料也有多种,下面是一些常用的防腐涂料。

1. 环氧树脂防腐涂料

环氧树脂是平均每个分子含有两个及以上环氧基的热固性树脂。环氧树脂涂料的主要成分是环氧树脂及其固化剂,辅助成分有颜料、填料等。由于环氧树脂具有易加工成型、固化物性能优异等特点,在金属防腐中被广泛应用。通过环氧结构和膨胀单体改性、环氧合金化、填充无机填料等方法改造后可以制成防腐涂料。环氧树脂涂料具有优良的物理机械性能以及较强的金属附着力,也具有较好的耐化学药品性和耐油性,尤其是极强的耐碱性。研究还发现,采用极化方法可以实现环氧树脂与不锈钢颜料的最优化组合,生成的环氧粉末涂料可以弥补环氧树脂表面耐磨性差的缺点,因此可直接在露天环境中使用。

除此之外,将环氧树脂与少量硅酮树脂混合可制成耐热防腐涂料。这主要因为硅酮中—Si—O—Si—的存在可提高涂料的热稳定性,而—Si—C—则保证了涂料的固体成分。上述涂料的制作方法为:先将环氧树脂与甲基异丁酮等混合组成溶剂,然后将硅酮树脂加入上述溶剂,再用二甲苯进行稀释,并加入聚酰胺作为固化剂。利用分光镜和电化学显微镜对上述涂料进行观察可发现涂料的热稳定性有显著提高,且对甲苯、三氯甲苯等溶剂也有良好的抵抗力。然而,环氧树脂涂料在潮湿的环境下防腐能力较差。为了提高其潮湿环境下的防腐能力,可使用酮亚胺代替常见的聚酰胺、聚胺。这是由于酮亚胺水解后生成的胺可以与环氧树脂作用,从而达到耐水防腐目的。如果将环氧树脂与氯化橡胶、硅酮树脂共混生成聚合物类型涂料,则可同时利用橡胶对水蒸气等腐蚀介质的阻隔性和硅酮的耐高温性,用单层该种涂膜便可实现普通多层薄膜的防护功能。

2. 聚氨酯防腐涂料

聚氨酯防腐涂料是一种以聚氨酯树脂为基料,以颜料、填料等为辅料的涂料。聚氨酯涂料对各种施工对象和环境的适应性很强,可以在潮湿环境和底材上施工,也可以在低温下固化。这种涂料有聚醚、聚酯、环氧树脂以及丙烯酸树脂双组分聚氨酯涂料,也有单组分湿固化聚氨酯涂料。

取聚氨酯作为基体,加入聚四氟乙烯、氧化铁、钛白粉等填料,可制成双组分常温固化涂料。例如,利用聚氨酯和 γ 射线辐照的聚四氟乙烯可制成耐磨防腐涂层,其涂层表面密实,且聚四氟乙烯与聚氨酯树脂形成牢固的结合,具有良好的耐磨性及抗腐蚀性。

3. 富锌树脂防腐涂料

含有大量锌粉的涂料称为富锌涂料。富锌涂料包括无机和有机两种类型。无机类富锌涂料使用硅酸烷基酯、碱性硅酸盐为基料;有机类富锌涂料主要使用环氧树脂为基料。前者对金属有极好的防锈和附着力作用,且在耐热性、导电性、耐溶剂性方面都优于后者。

富锌涂料的防腐机理是:在腐蚀前期,通过锌粉的溶解牺牲对钢铁起阴极保护作用;在腐蚀后期,随着锌粉的腐蚀,呈球形锌粉颗粒中间沉积了许多腐蚀产物,这些致密而微碱性腐蚀产物不导电,填塞了颜料层,阻挡了腐蚀因子的透过,即后阶段是通过屏蔽作用而实现防腐蚀效果的。

4. 高固体分防腐涂料

在普通防腐涂料中,一般大约含 40％的可挥发成分,这些涂料大部分为有机溶剂,在施工后会挥发到大气中去,既造成了涂层缺陷,又污染了环境。因此,降低其可挥发组分,提高涂料的固体含量,是涂料开发新的研究方向。目前,国外已研制出固体质量含量高达 95％的防腐涂料,且防腐性能优异,已在水电工业和油气田中广泛应用。

5. 水性防腐涂料

目前在工业防腐领域成功应用的水性涂料主要包括水性环氧涂料、水性无机硅酸锌涂料、水性丙烯酸涂料等。

6. 橡胶涂料

橡胶涂料是以天然橡胶衍生物或合成橡胶为主要成膜物的涂料。橡胶涂料具有快干、耐碱、耐化学腐蚀、柔韧、耐水、耐磨、抗老化等优点,但其固体分低、不耐晒。主要用于船舶、水闸、化工防腐蚀涂装。其主要分为以下两种。

(1)氯磺化聚乙烯防腐涂料。

氯磺化聚乙烯防腐涂料是以氯磺化聚乙烯橡胶为成膜物加入改性树脂、颜料、填料、溶剂、硫化剂、促进剂等添加剂配制而成的。氯磺化聚乙烯是一种特殊合成橡胶，具有抗油性并阻燃，具有较好的耐氧化性、耐臭氧性、耐化学品性、耐水性，且耐热(130~160 ℃)和耐低温(-55~-62 ℃)。

(2)氯化橡胶防腐涂料。

氯化橡胶是由天然橡胶经过炼解或异戊二烯橡胶溶于四氯化碳中，通氯气而制得的白色多孔性固体物质。氯化橡胶分子结构饱和，无活性化学基团，化学稳定性好，对酸、碱有一定的耐腐蚀性，水蒸气渗透性低，耐水性、耐盐水性、盐雾性好，与富锌漆配合，具有长效防腐蚀性能，并可制成厚膜涂料。氯化橡胶的热分解温度为 130 ℃，但在潮湿环境下 60 ℃即开始分解，因此使用温度不能高于60 ℃。除此之外，其含氯量高，阻燃性好，且在潮湿条件下可防霉。

3.2.2.3　重防腐涂料

1. 鳞片玻璃重防腐涂料

鳞片玻璃实际上是一种极薄的玻璃碎片。它是用特殊的玻璃(国外称 C 玻璃，国内称碱玻璃)经 1 000 ℃以上的高温熔融，再经吹制变得很薄，然后骤冷，最后经破碎、筛选分级而成。玻璃是无机材料，它的组成决定了具有优良的耐化学品性及抗老化性等性能；由于它很薄，能与涂层重叠平行排列，形成致密的防渗层，有效地提高了涂层的抗渗透能力。涂层中玻璃鳞片的大量存在，不仅减少了涂层与底材之间的热膨胀系数之差，而且明显降低了涂层的固化收缩率。因此，存在于涂层与底材之间的内应力也随之减少，这不但有利于抑制涂层龟裂、剥落等现象，更可确保涂层发挥其优异的附着力与抗冲击作用。涂层中的玻璃鳞片与树脂紧密黏结，提高了涂层的坚韧度，使涂层具有优良的耐蚀性。此外，涂层中层层排列的玻璃鳞片，可形成多层的镜面反射，从而减少了紫外线对涂层中高分子树脂的破坏作用，延长了涂层的使用寿命。

2. 环氧重防腐涂料

环氧重防腐涂料是以环氧树脂为漆基，用特种橡胶和煤焦沥青、石油树脂等加以改性，加入颜料、填料、助剂及固化剂而制成的双组分重防腐涂料。该重防腐涂料具有卓越的耐酸、碱、盐腐蚀性，耐大气腐蚀和耐磨损性能，涂层附着力强，收缩率低，机械性能高，无针孔，电绝缘性能好等。该涂料适用于港口工程，水利水电工程，海洋石油钻井平台，船舶设施，油气田输油管道，城市自来水、煤气管道，矿山和矿井下设施和钢筋混凝土结构的防腐。

3. 富锌涂料

富锌涂料是一种含有大量活性填料的涂料。这种涂料一方面由于锌的电位较负，可起到牺牲阳极的阴极保护作用，另一方面在大气腐蚀下，锌粉的腐蚀产物比较稳定且可起到封闭、堵塞涂膜孔隙的作用，所以能得到较好的保护效果。

然而,富锌涂料用作底层涂料,结合力较差,所以涂料对金属表面清理要求较高。为延长其使用寿命,可采用相配套的重防腐中间涂料和面层涂料与之匹配,达到长效防护的目的。

4. 厚浆型耐蚀涂料

厚浆型耐蚀涂料是以云母氧化铁为颜料配制的涂料,一道涂膜厚度可达 $30\sim50~\mu m$,涂料固体含量高,涂膜孔隙率低,刷四道以上总膜厚可达 $150\sim250~\mu m$,可用于相对苛刻的气相、液相介质。成膜物质通常选用环氧树脂、氯化橡胶、聚氨酯丙烯酸树脂等。在工业上主要用于储罐内壁、桥梁、海洋设施、混凝土及钢结构表面。

3.2.2.4　防腐涂层施工技术

防腐涂层是防腐工程中应用最广泛的防腐蚀措施,几乎所有的工程建设中均有采用涂层防腐手段。

防腐涂料通过涂装施工在被涂物体表面形成连续的涂层,从而达到防护、美观以及某些特殊作用。防腐涂层保护性能的好坏不仅依赖于涂料本身的性能,而且与涂层结构、形成涂层的涂装施工技术、涂装作业环境有较大的关系。

1. 涂料调配

涂料调配操作可依据涂料使用说明书的规定进行,或按下面的基本操作方法操作。

(1)单组分涂料调配操作。

首先根据施工用料决定配漆量,取适量的涂料置于容器中,根据涂料的黏度边搅拌边慢慢加入适量的稀释剂,充分搅拌直至涂料黏度符合施工使用要求。

(2)多组分涂料调配操作。

根据施工进度用料量的要求,确定每次调配涂料的合适数量,按涂料使用说明书要求的配合比,称取准确数量的各组分置于容器内,按使用说明书规定的混合次序分次混合各个组分,并充分搅拌。配制好的涂料一般要静置 30 min 左右,以使涂料各组分充分反应(熟化)。根据混合好的涂料黏度,边搅拌边慢慢加入适量的该种涂料的配套稀释剂,充分搅拌直至黏度符合要求。

(3)调配涂料的注意事项。

①调配涂料的工具、容器应保持干净,不得随意混用。

②调配涂料前应先例行检查涂料品种、名称、型号是否符合施工要求,检查涂料是否超过贮存期(如已超过贮存期,应开桶检查是否变稠或结块,如有变稠或结块则不得使用)。取用前,应先搅拌均匀然后倒出。

③盛装具有腐蚀性的涂料可使用非金属容器或内有涂层的金属容器,并注意其耐涂料溶剂的性能,避免涂料中的溶剂对容器的损坏。

2. 涂料施工

(1) 涂层结构和涂装基本步骤。

为了达到较好的防腐蚀效果,除了选择有足够耐蚀性能的涂料外,防腐涂层还必须与被涂物(基材)有良好的结合力,并有一定的厚度。大多数涂料的单层涂层不能满足这样的使用要求,涂层通常由底漆层、腻子层、中间层和面涂层多道涂层构成。

涂装的基本施工步骤是表面处理,涂装底涂料,刮涂腻子(需视被涂面的表面状态决定是否采用该道工序),再涂中间涂料和面涂料,如图 3.8 所示。

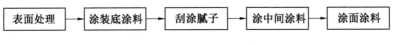

图 3.8 涂装的基本工序

(2) 施工环境。

涂装施工最好能在可以调节湿度、温度,照明好、通风良好的室内进行,这样有利于涂层的干燥固化和养护。但是现场施工往往在室外进行,在室外施工时需要注意选择适当的环境。

施工环境空气的湿度和温度对于涂层性能影响最大。适宜进行涂装施工的环境温度为 5～35 ℃,相对湿度不宜大于 80%,被涂表面的温度至少应比露天温度高 3 ℃。遇到刮风、下雨、下雪的天气,必须停止涂装施工。在通风不良的车间、贮罐、容器内施工要安装通风设施,保证通风良好,施工人员才能入内施工。

(3) 涂料施工操作。

涂料施工方法有刷涂、辊涂、气喷涂、高压无气喷涂等。根据施工实际要求,选用适当的施工方法。下面简单介绍几种施工操作方法。

① 刷涂。

a. 刷涂施工操作。

刷涂是最简单的涂装方法,它只需要简单的工具,涂装适用的范围广,适合于各种涂装物体的涂装施工,因此是普遍使用的一种涂装的施工方法。在焊缝上、边角部位应采用刷涂法施工。涂装底涂料,最好也采用刷涂法施工。

b. 刷涂施工操作方法。

将漆刷蘸上调好的涂料,蘸涂料量以浸满全刷毛的 $1/2\sim2/3$ 为宜,漆刷蘸涂料后在涂料筒边沿内侧轻刮,理顺刷毛并除去过多的涂料。将漆刷所蘸的涂料直接涂刷在被涂物体表面,形成一条涂料带。每条涂料带尽量平整、均匀,涂料带互相平行且重叠约 1/3 的宽度。完成一块刷涂面积后,再蘸涂料刷下一块面积。涂刷顺序应先上后下、先左后右、先内后外、先次要后主要地分段进行。刷垂直表面时,最后一道涂料应该按光线的照射方向刷涂。

c. 刷涂施工操作注意事项。

i.每次蘸涂料的量应适当,仰面刷涂时,漆刷蘸涂料的量可稍少些。

ii.刷涂垂直表面时,应根据涂料的黏度、流挂性确定合适的一次成膜厚度,以免造成流挂、刷痕等缺陷。

iii.有些涂料允许漆刷来回多次刷涂,以使漆面平整、均匀,但是有些刷涂则不允许漆刷来回反复刷涂。

②辊涂。

a.辊涂施工操作。

辊涂也是一种普遍使用的涂装施工方法,辊涂施工是借助辊涂刷在被涂物体上来回滚动进行涂刷。辊涂施工方法适宜于大面积涂装,可以代替刷涂施工,效率也较高,广泛应用于船舶、桥梁等大型设备的涂装施工。

b.辊涂施工操作方法。

辊刷蘸上涂料,反复滚动将涂料大致分布在被涂物表面,接着用辊刷上下密集地滚动,将涂料涂布开来,最后用辊刷按一定的方向滚动,将被涂物表面滚平修饰。边角不易辊涂的地方应用刷涂法补涂。

c.辊涂施工操作注意事项。

i.辊刷每次蘸涂料的量应适当,以防引起流挂和辊刷移动时涂料流淌。

ii.开始辊涂时,对辊刷施加轻微的压力,随着辊刷上的涂料逐渐减少,逐渐增加压力,尽量使涂膜厚度均匀。

③气喷涂。

a.气喷涂施工操作。

气喷涂又称空气喷涂,它是利用压缩空气在喷枪的涂料喷嘴前端形成负压,使涂料从涂料喷嘴喷出并雾化,同时压缩空气流将已经雾化的涂料喷向被涂物,并使其附着在被涂物表面,且雾化的涂料迅速在表面聚集形成涂层。气喷涂生产效率高,比刷涂快 8～10 倍,适应性强,对机构复杂、不规则及大型的被涂物施工方便有效,涂层表面质量均匀,平整光滑,有较好的装饰性。但涂料浪费大,部分涂料随空气飞散而浪费,对通风要求较高。

b.气喷涂施工操作。

对于气喷涂而言,在喷涂前应先根据所施工的涂料的使用说明书要求调整好涂料的黏度,确定喷枪喷嘴的口径和规格以及施工压力,并按操作要求将设备连接好,将已调好黏度的涂料装入贮漆罐或压力供漆筒中,关闭所有开关。打开空压机,调节压力达到施工要求的压力(一般在 0.15～0.5 MPa)后打开通向油水分离器的空气通道开关,当油水分离器的压力达到施工压力时,即可打开喷枪的扳机或通向压力供漆筒的开关,开始喷涂施工。喷涂时手紧握喷枪手柄,靠腕力和小臂、大臂匀速地移动喷枪,喷嘴应与被涂面垂直,且保持一定距离(150～500 mm)平行移动。两道漆应适当重叠,重叠控制在 1/2～1/3。

3. 后处理

防腐涂层作业的后处理即涂层的干燥固化。涂层固化是涂装施工中的一个重要步骤,涂料在被涂物表面形成的涂膜只有经过固化才能形成固定形状、一定强度的连续薄膜。涂层的干燥固化包括自然干燥固化、冷固化、热固化和特殊固化四种方法。

(1)自然干燥固化方法。

自然干燥固化是简单的成膜方式,包括挥发型成膜和某些单组分涂料的反应型成膜。气温、湿度、风速对自然干燥有明显的影响。气温高、湿度低、通风良好时自然干燥速度快;反之则自然干燥速度慢。添加到涂料中的催干剂对该类的干燥成膜影响显著。

(2)冷固化方法。

冷固化方法是防腐涂料中大量采用的成膜固化方法。常温固化的双组分涂料的成膜固化,就属于这一种。固化剂的种类和数量、固化温度对涂层固化速度和涂层性能有重要影响。

(3)热固化方法。

在烘烤型涂料中,成膜物质分子的活性基团或反应基团在常温下不起反应,只有经过加热升温,这些基团才能发生交联反应,形成网状结构的涂层。经过加热固化的涂层的物理化学性能优于冷固化涂层。加热固化工艺采用的加热方法有电加热、远红外线加热、蒸汽加热等。

(4)特殊固化方法。

特殊固化方法包括紫外线固化、电子束固化、氨蒸气固化。这些固化方法都是针对某种特定的涂料,需要专门的设备。

常见涂料的后处理方法见表 3.10。

表 3.10 常见涂料的后处理方法

涂料名称	后处理方法
乙烯磷化底漆	常温。涂覆 2 h 后,即涂覆配套涂料底漆,涂覆时间不得超过 24 h
过氯乙烯涂料	常温。表干 20 min,实干 90 min,宜在第一道涂料实干前覆第二道涂料
醇酸树脂涂料	常温。表干 10 h,实干 18 h
漆酚环氧树脂涂料	常温。表干 0.5 h,实干 24 h

续表 3.10

涂料名称	后处理方法
环氧酚醛树脂涂料环氧氨基涂料	加热固化。中间层加热温度 90～150 ℃,烘 10～30 min;最后一道漆加热温度 180 ℃,烘 1～2 h,加热升温速度 40～50 ℃/h
环氧树脂涂料	①常温固化。表面固化 24 h,完全固化 5～7 天。②加热固化。60 ℃约 1 h,80 ℃约 30 min
双组分聚氨酯涂料	①常温固化。表面固化 0.5 h,完全固化 24 h。②加热固化。60 ℃约 1 h
氯化橡胶涂料	常温。表干 8 min,实干 60 min
氯磺化聚乙烯涂料	常温。表干 1 h,实干 48 h,每一层表干后才能涂刷下一道涂料

注:各种涂料在施工固化后,需经过自然养护 7 天以上才能交付使用。

3.2.3　防腐蚀结构设计

研究腐蚀的目的,是为了防止和控制腐蚀的危害,延长材料的使用寿命。各种工程材料从原材料加工成产品,直到使用和长期储存过程中都会遇到不同的腐蚀环境,产生不同程度的腐蚀,并且金属腐蚀的过程是一个自发的过程,完全避免材料的腐蚀是不可能的。因此需要在掌握金属在化学介质或其他环境中的破坏规律和腐蚀反应机理的基础上,对金属的腐蚀进行防控,使其降低到最小的腐蚀程度。对于腐蚀的防治是指产品设计、试制、生产、使用、维护、保养和储存过程中各个环节的系统性的防治,其中产品结构设计过程中的腐蚀防护是首要环节。事实上,日常生活生产中大量的腐蚀问题便是产品结构设计过程中不正确的选材和不合理的结构设计所造成的。

产品结构设计过程中的防腐蚀过程主要包括:正确选材,合理设计和对制造施工安装、维护保养提出防腐蚀技术要求等。

3.2.3.1　正确选材

正确选材是指根据产品设计的使用性能不同的介质和使用条件,选用合适的金属材料或非金属材料。

正确选材是一项细致而又复杂的技术。它既要考虑材料的结构、性质及使用中可能发生的变化,又要考虑工艺条件及生产过程中可能发生的变化;既要满足产品性能的设计要求,又要考虑技术上的可行性和经济上的合理性,力求做到设计的产品所选用的材料要经济可靠和耐用。

正确选材的原则和步骤是至关重要的。

1. 正确选材的基本原则

(1)全面考虑材料的综合性能,优先做好腐蚀控制,防止和减轻产品腐蚀。

除了考虑材料的力学性能(强度、硬度、弹性等)、物理性能(耐热性、导电性、光学性、磁性、密度等)、加工性能(冷加工、热加工工艺)和经济性外,尤其应重视在不同状态和环境介质中的耐蚀性。对于关键性的零部件或经常维修或不易维修的零部件,应该选用耐蚀性高的材料。对于提高材料强度而耐蚀性有所下降的情况,应考虑其综合性能。在强度允许的情况下,有时宁可牺牲某些力学性能也要满足耐蚀性的要求。

(2)按产品(设备或零部件)的工作环境条件和特殊要求正确选材。

这是选材时要首先考虑的问题,必须掌握产品使用时所处的介质、浓度、温度、压力、流速等特定条件。例如,在干燥的环境中或严格控制介质的情况下,通过采用相应的保护措施,许多材料都可以使用。在污染的大气中,常采用不锈钢类金属而不加保护措施。而在条件苛刻的潮湿环境中,常采用相对廉价材料(如软钢)并施加辅助性保护。对于十分苛刻的腐蚀环境,常采用耐腐蚀材料而不使用上述相对廉价材料(如软钢)并施加辅助性保护的做法。

(3)按腐蚀介质正确选材。

可选用一些通常具有最高耐蚀性和最低费用的金属材料,如:钢用于浓硫酸;铝用于非污染大气;锡和镀锡层用于蒸馏水;铅用于稀硫酸;铜和铜合金用于还原性介质和非氧化性介质;钛用于热的强氧化性溶液;镍和镍合金用于碱性介质;耐盐酸的镍合金用于热盐酸;不锈钢用于硝酸;蒙乃尔合金用于氢氟酸;哈氏合金用于热盐酸;钽用于除氢氟酸和烧碱溶液外几乎所有介质。以上列举的并不代表唯一的材料与腐蚀介质的组合,在许多情况下可以使用更便宜或更耐蚀的材料(如非金属材料等)。

(4)按产品的类型、结构和特殊要求正确选材。

选材时要考虑产品(或设备)的用途、工艺过程及其结构设计特点,如:泵材要求具有良好的耐磨性和铸造性;换热器用材要求具有良好的耐蚀性外,还应有良好的导热性能,表面光滑以及在其表面不易生成坚实的垢层;枪炮身管用材则要求耐高温、高压、耐烧蚀的性能;医药、食品工业中的用材不能选用有毒的铅,而应选用铝、不锈钢、钛、搪瓷及其他非金属材料等。

(5)按防止产品出现全面腐蚀或局部腐蚀而正确选材。

产品在腐蚀环境中出现全面均匀腐蚀时,除考虑选材的腐蚀余量或选用耐蚀材料解决外,应特别注意可能产生的电偶腐蚀、点腐蚀、缝隙腐蚀、丝状腐蚀、晶间腐蚀、选择性腐蚀、剥蚀、应力腐蚀断裂、氢脆(氢损伤)、腐蚀疲劳和磨损腐蚀等局部腐蚀。应针对不同的局部腐蚀形式选用合适的耐蚀材料或进行正确的冷、热加工,热处理,以获得最佳的耐蚀材料。对选用的新材料,更应注意其可靠性、工艺稳定性、供应的可能性。

(6)综合考虑选材的经济性与技术性。

选材时必须在使用周期内保证性能可靠的基础上,尽量设法降低成本,保证经济核算是合理的。因此,产品的选材还必须考虑产品的使用寿命,更新周期,基本材料费、加工制造费、维护和检修费、停产损失费、废品损失费等费用。一般对于长期运行的设备,为减少维修次数,避免停产损失等,或者为了满足特殊的技术要求、涉及人身安全、保证产品质量,采用完全耐蚀材料是经济合理的。对于短期运行、更新周期短的产品,只需要保证使用期的质量,因此选用成本低、耐蚀性也较低的材料是经济合理的。

(7)应针对设计产品收集选材资料,做出恰当的选材方案。

为了确定一个恰当的选材方案,必须具备工程设计和防腐蚀设计两方面的专门知识,针对产品设计性能要求认真地收集选材的性能与有关实验的数据和资料,进行综合整理,分析评定。既要满足设计、防腐蚀要求,又要满足加工制造工艺适应性要求。为此,需要设计、防腐和材料工作者的通力合作,做出最佳的选材方案。

2. 正确选材的基本步骤

(1)明确产品生产和使用的环境和腐蚀因素。

这是选材的基本依据,因此,确定使用环境、调查项目和着手调查,是选材的第一步。

(2)查阅有关资料。

应首先查阅有关手册(如《腐蚀与防护手册》)上各种介质的选材图和腐蚀图中给出的耐蚀性数据和机械性能、物理性能数据,再深入查阅有关文献和会议资料。

(3)应调查研究实际生产中材料的使用情况。

由于材料的生产、加工制造和使用的条件是各种各样的,尤其是在成功的经验或发生事故的实例得不到及时发表的情况下,实地调查研究收集有关数据和资料(尤其是材料生产厂的数据)作为参考资料是十分重要的。

(4)做必要的实验室辅助实验。

在新产品开发时,常会遇到查不到所需的性能数据的情况,这时必须通过实验室中的模拟实验数据和现场实验的数据来筛选材料,或者研制出新材料。这样,选材或研制出的新材料才能符合产品设计性能的耐蚀要求。

(5)在材料使用性能、加工性能、耐用性能和经济价值等方面做出综合评定。

需注意以下三点:①选材的方案力争实现用较低的生产投资来生产出较长

使用年限的产品,即产品要经济耐用;②在不能保证经济耐用的情况下,要求保证在使用年限内的可用年限且经济;③在苛刻条件下,宁可使用价格贵些的材料也要保证耐用,为了满足经济而选用不耐用材料是最不可取的。

(6)为了延长产品使用年限,选材的同时应考虑行之有效的防护措施。

对于选用经济而不耐蚀的材料,如果能采用既经济又合理的防护措施达到耐蚀和满足性能要求的目的,也是选材中可取的方案。

3.2.3.2　合理设计

合理设计是指在确保产品使用性能结构设计的同时,全面考虑产品的防腐蚀结构设计。合理设计与正确选材是同样重要的,因为虽然选用了较优良的金属材料,但不合理的设计常常会引起机械应力、热应力、液体或固体颗粒沉积物的滞留和聚集,金属表面膜的破损、局部过热、电偶腐蚀电池的形成等现象,造成多种局部腐蚀而加速腐蚀,严重腐蚀会使产品过早报废。因此合理设计已成为生产优质产品的主要因素。对于均匀腐蚀,进行一般产品结构设计时,只要在满足机械和强度上的需要后,再加一定的腐蚀裕量即可。但对于局部腐蚀,上述防腐措施是远远不够的,必须在整个设计过程中贯穿腐蚀控制的内容,针对特殊的腐蚀环境条件,应做出专门的防腐蚀设计。

防腐蚀结构设计的一般原则如下:

① 结构设计在形式上应尽量简单、光滑、表面积小。例如圆筒形结构比方形或框架形结构简单、表面积小,便于防腐蚀施工和检修。

② 要避免残液滞留、固体杂质、废渣、沉积物的聚集而造成腐蚀的发生,设计时应使这些物质自然通畅排出。

③ 要避免结构组合和连接方法的不当,防止腐蚀加剧。

④ 应避免异种金属的直接组合,防止产生电偶腐蚀。

⑤ 应对不同的腐蚀类型,采取相应的防腐蚀设计。

1. 腐蚀裕量的结构设计

大多数产品是根据强度要求设计壁厚的,但从耐蚀性考虑,这种设计并不合理。由于环境介质的腐蚀作用,会使壁厚减薄,因此,在设计管、槽或其他部件时,应对腐蚀减薄留出余量。

一般设计壁厚为预期使用年限的两倍,其具体的做法是先根据《腐蚀数据手册》查出该材料在一定腐蚀介质条件下的年腐蚀量(即腐蚀深度指标),然后按结构材料使用年限计算腐蚀厚度,并乘以2,即为设计的腐蚀裕量厚度。如果材料的腐蚀速率为 0.3 mm/年,使用年限为 10 年,计算腐蚀厚度为 3 mm,则槽壁设计厚度应为 6 mm。

2. 表面外形的合理设计

产品的结构、复杂的外形和表面粗糙度常会造成电化学不均匀性而引起腐蚀。在条件允许的情况下,采取结构简单、表面平直光滑的设计是有利的。而对形状复杂的结构,应采取圆弧或圆角形设计,它比设计或加工成尖角形更耐蚀(图3.9)。在流体中运动的表面最好为流线型设计,以符合流体力学和防腐要求。如轮船、飞机的外形都为流线型设计。

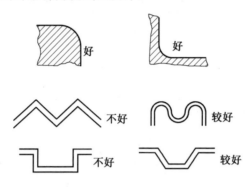

图 3.9　圆弧和圆角的外形设计

3. 防止残留液、冷凝液和堆积物腐蚀的结构设计

为了防止停车时容器内残留液、冷凝液引起的浓差电池腐蚀,废渣、沉积物引起的点蚀和缝隙腐蚀,设计槽或其他容器时应考虑易清洗以及可将液体、废渣、沉积物排放干净。槽底与排放口应有坡度,使槽放空后不积留液体和沉积物等(图3.10)。

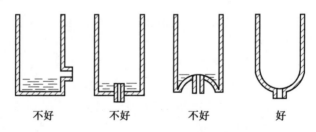

图 3.10　容器底部及出口管结构设计

4. 防止电偶腐蚀的结构设计

为了避免产生电偶腐蚀,在结构设计中应尽量采取在同一结构中使用同一种金属材料的方法,以避免异金属材料直接组合。如果必须选用不同金属材料,则应尽量选用电偶序中电位相近的材料,两种材料的电位差应小于 0.25 V。但是在使用环境介质中如果没有现成的电偶序可查时,应通过腐蚀实验,确定其电偶序电位及其电偶腐蚀的严重程度。设计中使用不同金属直接组合时,切忌大阴极小阳极的危险组合,例如属于阳极性的铆钉、焊缝相对于母材是危险的。而大阳极小阴极的组合,应考虑到介质的导电性强弱。若介质导电性强,电偶腐蚀危害不大,则对阴极性铆钉、焊缝是可取的。若介质导电性弱、阴阳极之间的有效作用范围小,则电偶腐蚀集中在阴阳极交界处附近,会造成危害性大的腐蚀。电偶腐蚀过程若有析氢时,电偶不能采用对氢脆敏感的材料,如低合金高强钢、马氏体不锈钢等,以免发生氢脆腐蚀破坏事故。

　　设计中防止电偶腐蚀的有效方法是将不同金属部件彼此绝缘和密封。例如,钢板与青铜板连接时(图 3.11),两块板之间采用绝缘垫片(多用硬橡胶、夹布胶木、塑料、胶黏绝缘带等不吸水的有机材料)隔开,螺母、螺钉也用绝缘套管及绝缘片与主体金属隔开,防止电偶腐蚀。为避免不同金属连接形成缝隙而引起的腐蚀(这种腐蚀比单独的电偶腐蚀和缝隙腐蚀更严重),在连接后的部分涂覆胶黏剂密封缝隙,防止电解液从连接缝进入发生电偶腐蚀。各种连接的密封设计如图 3.12 所示。在设计时,如果不允许使用绝缘材料隔开,可采用涂层(涂漆、电镀层)保护或阴极保护的设计方案。涂漆层保护时,应注意的是不要仅覆盖阳极性材料,而且应把阴阳极材料一起覆盖上,这样做主要是为了有效地保护阳极性材料。镀层保护则要求两块连接的金属都镀上同一种镀层,或镀层与被保护材料的电偶序位置接近,电位差小于 0.25 V 的组合,见表 3.11。表中连接号 ↓ 表示可以组合,腐蚀速率很小;○表示作为组合中的阴极金属;●表示作为组合中的阳极金属。阴极保护设计根据需要可采用牺牲阳极保护,也可采用外加电流保护,使被保护金属成为阴极而防止腐蚀。

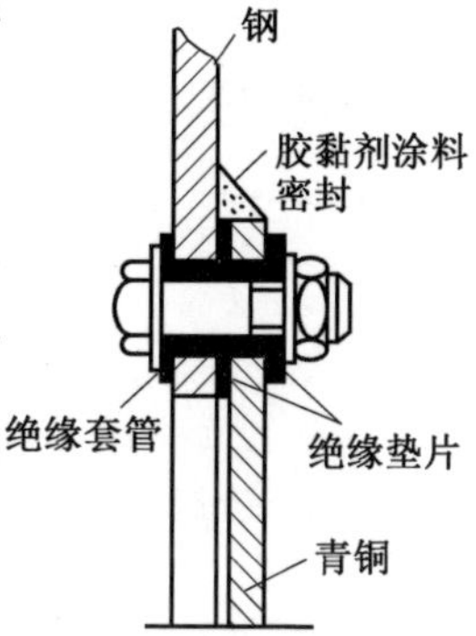

图 3.11　不同金属连接时,采用绝缘材料隔开设计示意图

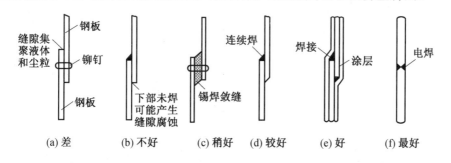

(a) 差　　(b) 不好　　(c) 稍好　　(d) 较好　　(e) 好　　(f) 最好

图 3.12　结构连接时防止缝隙腐蚀的几种设计方案

表 3.11　不同金属连接时允许的组合

序号	金属的类别	电极电位/V	适当组合
1	金或镀金、金铂合金、铂	+0.15	○ ↓
2	铜为底,镀银铂	+0.05	●○ ↓ ↓
3	银或镀银、银铂	0	●●○ ↓ ↓
4	镍或镀镍、蒙乃尔合金、铜镍合金、钛或其合金	−0.15	●●○ ↓ ↓ ↓
5	铜、镀铜、紫铜、硅青铜、铍青铜、磷青铜、包银、德银、高锡、青铜、镍铬、奥氏体不锈钢	−0.20	●●●○ ↓ ↓ ↓
6	黄铜、青铜	−0.25	●●●○ ↓ ↓ ↓
7	硬黄铜、硅锌青铜、铝青铜、磷青铜、海军黄铜、四六黄铜	−0.30	●●●○ ↓ ↓ ↓ ↓
8	18Cr 不锈钢	−0.35	●●●●○ ↓ ↓ ↓
9	镀铬、镀锡、13Cr 不锈钢	−0.45	●●●○ ↓ ↓ ↓ ↓
10	镀锡、锡焊、锡板	−0.45	●●●●○ ↓ ↓ ↓ ↓
11	铅、镀铅、铅合金	−0.55	●●●●○ ↓ ↓ ↓ ↓
12	硬质合金	−0.60	●●●●○ ↓ ↓ ↓ ↓
13	钝铁、工业纯铁、灰铸铁、可锻铸铁、碳素钢、低合金钢	−0.70	○　　　　●●●● ↓　　　　↓ ↓ ↓
14	铝或耐蚀铝合金、硅系铝合金铸造件	−0.75	●○　　　●●● ↓ ↓　　　↓ ↓
15	硅系以外铝合金铸件、镀镉及铬酸盐处理	−0.80	●●○　　　●● ↓
16	热镀锌、热镀锌钢	−1.05	●○ ↓
17	锌板、锌合金铸件、电镀锌	−1.10	●
18	镁及镁合金(铸件及锻造件用合金)	−1.60	●

5. 防止缝隙腐蚀的结构设计

在设计过程中,尽量避免和消除缝隙是防止缝隙腐蚀的有效途径。在框架结构设计中不应留有窄的夹缝。在设备连接的结构设计中尽可能不采用螺钉连接、铆接结构而采用焊接结构。焊接时尽可能采用对焊连续焊,不采用搭接焊、间断焊,以免产生缝隙腐蚀,或者采取锡焊敛缝、涂漆等将缝隙封闭,如图 3.12 所示。法兰连接处密封垫片不要向内伸出,应与管的内径一致,防止产生缝隙腐蚀或点蚀。

6. 防冲刷腐蚀的结构设计

设备设计时应特别注意介质流动的方向以及流速是否急剧增加,保持层流,避免严重的湍流和涡流引起的冲刷腐蚀。

设计时考虑增加管子直径是有助于降低流速保证层流的,从而避免高速流体直接冲击管壁和设备,防止冲击引起的冲刷腐蚀。管子转弯处的弯曲半径应尽可能大,通常以流速合适为准。一般要求管子的弯曲半径最小为管径的 3 倍,不同金属要求也不相同,钢管、铜管为 3 倍,90Cu10Ni 合金管为 4 倍,强度特别小的管子和高强钢管最小应取 5 倍。在高速流体的接头部位,不要采用 T 形分叉结构,应优先采用曲线逐渐过渡的结构。在易产生严重冲刷腐蚀的部位,设计时应考虑安装容易更换的缓冲挡板或折流板以减轻冲击腐蚀,如图 3.13 所示。

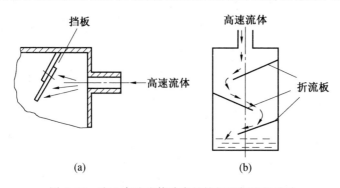

图 3.13　防止高速流体冲击的挡板和折流板设计

7. 防止应力腐蚀断裂的结构设计

设计过程中,防止应力腐蚀断裂必须根据产生应力腐蚀的三个条件(应力、环境和材料)和腐蚀机理考虑设计方案。

在结构设计中,最重要的是避免局部应力集中,尽可能地使应力分布均匀。如零件在改变形状和尺寸时不要有尖角,而应有足够的圆弧过渡。避免承载零件在凹口、尖角、沟槽、键槽、油孔、螺线等最大压应力点处截面面积突然发生变化。大量的应力腐蚀事故分析表明,由残余应力引起的事故比例最大,因而在冷热加工、制造和装配中应避免产生较大的残余应力。结构设计中应尽量避免间隙和可能造成废渣残液留存的死角,防止有害物质如 Cr 的浓缩可能造成的应力腐蚀断裂,尤其是在应力集中部位或高温区热应力产生的应力腐蚀。

按照断裂力学进行结构设计比用传统力学方法具有更高的可靠性。这是由于构件中存在宏观或亚微观的裂纹,缺陷是不可避免的。

对于长期承受拉伸应力的零件,设计所取的工作应力应符合下式要求,以防止应力腐蚀断裂的出现。在腐蚀环境条件确定的情况下,

$$\sum_{i=1}^{n} \sigma_i = \left(\sum_{i=1}^{n'} \sigma'_i + \sum_{i=1}^{\sigma'} \sigma_i^n \right) \leqslant \sigma_{\text{SOC-th}}$$

式中 $\sum_{i=1}^{n} \sigma_i$ —— 残余拉伸应力;

$\sum_{i=1}^{n'} \sigma'_i$ —— 结构件加工、成形、处理、装配等所造成的残余拉伸应力总和;

$\sum_{i=1}^{\sigma'} \sigma_i^n$ —— 设计所取工作应力;

$\sigma_{\text{SOC-th}}$ —— 材料光滑试样应力腐蚀临界应力。

3.2.4　旋转电磁效应抑垢缓蚀方法

3.2.4.1　旋转电磁效应的基本原理

传统的旋转电磁机为了提高电机的性能以及能量的利用率,一般都是降低或者抑制热能的产生,从而获得高的能量转换。但是若从传统旋转电磁机的反角度切入,则可充分利用电磁理论以及电机损耗、温升,将输入电机的能量有效地转换成热能输出,而不是传统意义上的输出机械能和电能。

图 3.14 为旋转电磁机的结构截面示意图。当旋转电磁机工作时,外部输入的动力将会带动转子部件旋转,同时定子的铁心中将会产生磁滞以及涡流损耗,感应电势生成的二次短路电流的电阻损耗会在笼型导电回路中产生,定子和转子开槽引起的气隙磁导谐波磁场在对方铁心表面产生的表面损耗和脉动损耗及定、转子绕组和铁心中引起的损耗以及机械损耗等所有产生的损耗以热能的形式由水媒质带走,并且水媒质在流过旋转电磁机时,会处于旋转永磁磁场和二次短路电流中,这样会对流过的水媒质产生磁场和电场的协同作用。

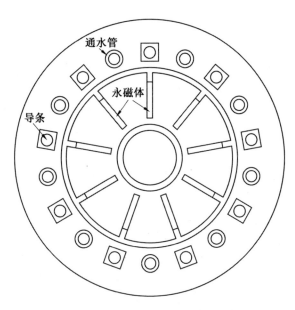

图 3.14　旋转电磁机的结构截面示意图

3.2.4.2　旋转电磁抑垢机理

目前,国内外对电磁场处理水的机理研究还处在初步探讨阶段。对电磁场处理水的有关物化性质的改变及机理尚无定论。尽管如此,电磁处理的抗垢功效确已被人们广泛认可。当前较流行的观点主要有以下几种:

(1) 原子内部的影响。

例如,电子构象的变化,Benson 等从熵变化的角度解释了磁场减少水垢形成的原因:在没有磁场作用的情况下,低能态旋转能级是简并态,而在磁场作用下,能级会分裂成磁旋量子数 $m = \pm 1/2$ 的两个能级,能级差 $\Delta E = \gamma h / 4\pi B_0$,其中 γ 为旋磁比,h 为普朗克常数,B_0 为磁场强度;排列数的增加会导致体系熵的变化,在低温下,磁性物质在磁场作用下进行定向排列而引起其熵的降低;然而成垢的抗磁性物质不会定向排列,体系的熵会增加,熵的增加会反映到成垢物质的溶解性、离子浓度等的变化上,因而可达到防垢效果,但原子内部的影响不能解释"旋转电磁记忆效应"。Srebrenik 的量子机理虽能解释电磁记忆效应,但该模型还不适合水溶液中除钙离子以外的其他阳离子。

(2) 洛伦兹力理论。

洛伦兹力理论认为水分子以一定的速度通过电磁场时,水分子中的正负电荷受洛伦兹力作用而向相反方向运动,产生了分子电偶极矩,从而使水的缔合状态增强。在管道中产生交变的感应电场,这样溶解在流体中的带正电的粒子和带负电的粒子就会由于电场力的作用,分别沿不同的方向运动,当感应电场的方向为顺时针时,阳离子沿顺时针方向运动,而阴离子沿逆时针方向运动,一旦感应电场的方向改变,带电粒子的运动方向也随之发生变化。即当感应电场的方向为逆时针时,阳离子也沿逆时针方向运动,而阴离子则沿顺时针方向运动。在热交换设备中,析出的晶核和换热器表面竞争溶解的矿物质离子,由于所有晶核的总表面积要比换热器的表面积高出几个数量级,所以换热器的表面可以避免结垢。

(3) 氢键变形理论。

自然界中的水并不是简单的 H_2O,而是由若干个 H_2O 分子缔合而成的较大的水分子,即 nH_2O(缔合水分子,n 为缔合度)。缔合水分子是极性分子,H_2O 可以构成一个电偶极子,缔合水分子 nH_2O 可以构成 n 个电偶极子的复合体系。这种水分子团对碳酸钙(水垢)的溶解度较低,使水垢很容易析出,由于不同条件下水的温度、硬度、黏度、pH 不同,水结垢的程度也不同。当缔合水分子以一定的流速经过特定的电磁场时,水切割磁力线,这种经磁场磁力线切割的水,缔合水分子均获得磁感应能,产生极化和磁化,使水的偶极分子发生定向极化,电子云发生变化,导致缔合水分子结构氢键发生变化,拉长、弯曲和局部折裂,部分氢键被破坏,使较大的缔合水分子集团变成较小的水分子集团,甚至是单个水分子。单个水分子的数量增多,水分子的活动更自由,因而提高了水的活化性和对水垢的溶解度,极微小的水分子可以渗透、包围、疏松、溶解、去除各种冷凝器、蒸发器、热水器、管道、锅炉等系统内部的老垢。

(4) 晶体结构变化理论。

国内外许多学者提出交变电磁场能使溶液中的阴阳离子有效碰撞概率增加,促进污垢晶体的成核及生长,即交变电磁场促进晶体粒子尺寸的长大。Cho 用显微镜观察了碳酸钙晶体的生长,发现没有经过电磁场处理的水样形成的晶体尺寸一般为 $1\sim10\ \mu m$,数目很多;而经过电磁场处理的水样形成的晶体尺寸为 $10\sim20\ \mu m$,他认为溶液中大尺寸的晶体被水流带走而不是析晶在换热面上。实验中还发现伴随机械搅拌,经电磁处理后总碱度下降了 18%,从而认为电磁处理加搅拌能够大大加速碳酸钙在溶液内部的结晶。Liu 认为在交变电场的作用下,成垢阴阳离子的碰撞结合机会大大增加,首先在液体内部形成微粒污垢,随着液流被带走,而不是析晶在换热面上。Lee 得出结论,认为电磁抗垢的机理是电磁场的作用能够促使污垢晶体尺寸长大,使结构致密的方解石型碳酸钙晶体变为结构松散的文石型碳酸钙晶体,因而形成的污垢晶体很容易被具有一定流速的流体带走,从而达到抗垢的目的,但是水溶液的性质并没有发生变化。武理中对磁化水垢和未磁化水垢进行了 X 射线衍射和扫描电镜分析测试,发现磁化水垢的颗粒广泛存在于整个水体系中,因而在磁化处理中,并不是抑制 $CaCO_3$ 晶体的生长,而是提供能量,促使 $CaCO_3$ 以方解石晶体结构在水中生成,而不是以文石结构在管壁上生成,从而达到阻垢的目的。Higashitani 等人用光散射装置详细地研究了磁场对水中 Ca^{2+} 和 CO_3^{2-} 反应生成 $CaCO_3$ 的化学反应过程,发现磁处理能有效地抑制离子的活性,降低沉淀物的数量,磁处理后沉淀晶粒发生明显的变化,晶粒尺寸增大,并发现有少许针形晶体存在。杨筠等用磁场处理 $NaHCO_3$ 水溶液,观察磁处理前后纯碱结晶颗粒的数量、粒度及晶型,发现磁处理能使成核速率增加 20%~160%,晶粒尺寸增大 10%~30%。有其他学者也得到了相似的结论。

(5) 磁致胶体效应。

耿殿雨提出了磁致胶体效应学说,认为在胶体溶液中,胶团中有未成对的电子自由基,其寿命为 1 μs,由于分子团或胶体团的磁矩不为零,其对磁场的作用表现得非常敏感。胶体粒子表面带电荷,导致附近极性介质中离子的重新分布,出现双电层。磁处理能使电荷发生定向运动,促进了双电层的形成。以界面间的影响为基础的理论,得到了许多实验证据的支持,并以 ζ 电势形式提出了大量的性能评价参数,能解释多数实验结果。

3.2.4.3　电磁场对金属腐蚀行为的影响

在腐蚀防护方面,已有将磁场引入电沉积工艺,以取代毒性大的镀液和改善现有镀种的方法。而常见的电磁设备(如发电机、电动机和电磁阀等)所存在的磁场,会加速设备及周围材料的腐蚀。同时,磁设备生产厂通常标称其产品具有阻垢缓蚀的功能。然而有关磁处理能否防蚀的研究却有争论。由于磁处理防锈的机理至今还未有较充分的研究,在某些应用中由于参数不当使效应不明显甚至出现负效应,这种状况直接影响了其推广和应用。

(1)电磁场对腐蚀行为的相关研究。

苏联以克拉辛为代表的一些学者在这一领域同样进行了大量的研究工作。比如他们在用失重法研究酸溶液的磁化处理对铜(电解质型)和镍(HO 型)腐蚀过程的影响时发现,腐蚀速率依赖于磁场强度,存在极值关系。在磁场强度为 23 873 A/m 时,镍的腐蚀速率几乎成倍增加,而在 39 789 A/m 时则下降 30%。对铜和铝则获得另外一些结果。这些金属在盐酸中的腐蚀速率变化了 20%~60%。在磁化的醋酸溶液中,钢的腐蚀速率降低至原来的 1/21~1/12。Chiba 发现在流动的电解质溶液中,存在外磁场时(0.1~0.2 T)时,铝的腐蚀速率下降。随着磁场强度的增加,缓蚀率增加。他认为磁场增强了阳极极化,因而增强了表面钝化,提高了表面氧化物的生成量。Busch 认为磁场对阳极、阴极极化均有影响,主要取决于磁场、流速的相互作用方向和溶液组成。Kelly 研究发现活性钛在硫酸盐溶液中的腐蚀因磁场作用而加强了。Bikulcius 研究了有无磁场作用下 Fe—Cr—Ni 钢在氯化物溶液中的腐蚀特性变化,发现当没有磁场作用时,发生的点蚀会在厚度方向发生穿透,而存在磁场作用时,点蚀仅发生在表面。Rucinskiene 研究了正交磁场作用对不锈钢在氯化铁溶液中腐蚀的影响,发现磁场对不锈钢在静止和搅动的氯化铁溶液中的腐蚀均有抑制作用。

(2)电磁场对腐蚀过程的影响。

磁场存在的情况下,对材料腐蚀的影响十分复杂。磁场强度的大小、溶液的性质以及腐蚀过程主要控制因素等,都会影响腐蚀倾向和腐蚀速率的变化。腐蚀的过程一般包括三个基本过程:通过对流和扩散作用使腐蚀介质向界面迁移;在相界表面进行反应;腐蚀产物从相界迁移到介质中去或在金属表面形成覆盖膜。电磁场对金属腐蚀的影响也主要表现在这三方面:

① 磁场对腐蚀介质迁移的影响。Ghabashy 在研究锅炉和电站钢管酸洗时形成的氯化铁在电动机和发电机所产生的磁场作用下对钢的腐蚀时发现,在低磁场时,由于溶液密度差而出现的向下的自然对流与由于磁场和钢表面腐蚀电池产生的电场相互作用产生的向上的磁流体动力学流动相互抵消,没有明显加速钢的腐蚀。但增加磁场强度,导致向上的磁流体动力学流动增加,从而加快了氯化铁的传递速率,使钢的腐蚀速率增加。同样,在含有去极化剂过氧化氢的盐溶液中,磁场也加速钢铁的腐蚀速率。这是由于在含有去极化剂的溶液中,金属的腐蚀是一个扩散控制的过程。由此可以看出,在由腐蚀介质扩散速度控制的腐蚀过程中,磁场总的倾向是加速腐蚀。

② 磁场对相界面上电化学或化学反应的影响。Srivastava 等曾发现弱磁场(0.07 T)会减缓碳钢在 H_2SO_4 溶液的溶解速度。Ghabashy 曾报道,在低磁场($<10^{-3}$ T)条件下铁在 $FeCl_3$ 溶液中的溶解速度比不加磁场时缓慢,在稍高的磁场时(($1\sim7$)$\times10^{-3}$ T)比不加磁场时迅速。关于磁场对腐蚀的影响原因,Busch 的研究证实,磁化后界面 Fe^{2+} 的水合作用下降,而对阴离子的水合作用几乎不变,可视为双电层。对于 Fe^{2+} 溶解的阳极铁/水溶液界面,在外加磁场下,一方面由于铁和 Fe^{2+} 磁矩的差异产生了使 Fe^{2+} 吸附于界面的力,抑制了铁的溶解;另一方面由于 Fe^{2+} 是铁磁性离子,会导致水合作用下降,使其产生吸附界面的力,加速铁的溶解。由于磁场对这两种力的影响不一定等值,因此双电层结构将根据磁场强度而不同,而铁是否加速溶解将取决于这两种力竞争的结果。一般来讲,小磁场的加入能够减缓腐蚀,而大磁场会加速腐蚀。

③ 磁场对腐蚀产物迁移、组成和分布的影响。Cu 在酸性重铬酸盐体系中,其腐蚀速率由溶解的 Cu^{2+} 从表面扩散出去的速度决定。施加磁场后,磁场产生的磁流体动力学流动与自然对流的叠加,增加了溶解的 Cu^{2+} 的扩散速度,因而加速了 Cu 的腐蚀。此外,磁场对盐溶液中钢的腐蚀分布有明显的影响。无磁场时,腐蚀过程中试片上有阴极保护区出现。施加磁场后,原来属于保护区的区域发生了腐蚀,且腐蚀条痕与磁力线方向平行呈线性分布。张欣、刘卫国等认为磁

处理防腐蚀效果明显,经过磁场处理可以使生锈铁管上的红锈逐渐转变成黑锈,如果是单纯的红锈悬浮溶液,即使经过磁场处理也不会从红锈变化到黑锈,依据所提出的机理,磁场水处理使得 Fe_2O_3 在铁管的表面形成致密的复合氧化物 Fe_3O_4(黑锈),从而对铁管起保护作用。

3.2.4.4　旋转电磁效应的缓蚀研究

随着对电磁场处理水研究的深入,电磁场对金属的腐蚀和电沉积的影响受到越来越多的关注,但是电磁场对金属腐蚀的影响仍具有争议。研究结果表明,磁场的作用可以降低金属的腐蚀速率。但是,研究发现磁场也会增加某些金属如 Ti 在硫酸盐溶液中的腐蚀速率。

旋转电磁处理海水可以对铜的腐蚀产生影响。研究表明,旋转电磁效应对铜在海水中的腐蚀具有明显的缓蚀效果,同时还发现铜在经旋转电磁处理的海水中的腐蚀产物主要是 Cu_2O 和 $CuCl_2$,腐蚀后的表面形貌也比在未经处理的海水中要均匀致密。

第4章 旋转电磁效应机制
及其对海水水质的影响

4.1 旋转电磁效应

4.1.1 电机损耗的正问题

电机是与电能的生产、传输和使用密切相关的能量转换机械。旋转电机通过把电系统和机械系统联系在一起可实现机电能量的转换。旋转电机在进行能量形态的转换过程中，存在电能、机械能、磁场能和热能四种能量形态。在能量转换过程中产生的损耗包括电阻损耗、机械损耗、铁损耗以及附加损耗等。损耗的存在消耗了有用的能量，使电机的效率降低，损耗的能量全部转化为热量，引起电机发热，使电机的温度升高。电机发热会带来一些负面影响，温度过高首先影响耐热能力薄弱的绝缘材料，大大缩短了其寿命，严重时甚至可能将电机烧毁；电机内部各部分热膨胀系数不同导致结构应力的变化和内部气隙的微小变化，这会影响电机的动态响应，高速运行容易失步；有些场合则不允许电机的过度发热，如医疗器械和高精度的测试设备等。

4.1.1.1 铁损耗

1. 磁滞损耗

铁磁材料除了具有高的磁导率外，另一重要的磁性特点就是磁滞。在周期性变化的磁场中，铁磁体中的磁感应强度与磁场强度的关系是一条闭合曲线，如图4.1所示，磁感应强度滞后于磁场强度，这条闭合曲线称为磁滞回线。铁磁性物质在反复磁化过程中，磁畴反复转向，要消耗能量并转变为热能而耗散，这种能量损耗称为磁滞损耗。

当磁感应强度从$-B_r$变化到B_m（图4.1），输入到系统的总能量是与坐标轴相对应磁化曲线和纵轴所构成的面积。同理，当磁感应强度从B_m变化到B_r时，储存在铁磁材料中的能量是相对应磁化曲线与坐标轴所围成的面积。因此，一个滞环内铁心单位体积消耗的磁滞损耗可以表示为

$$W_h = \oint dW = \oint H dB \tag{4.1}$$

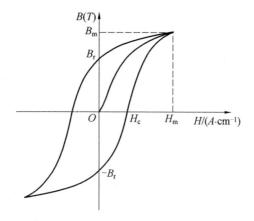

图 4.1　铁磁材料的磁滞曲线

磁滞损耗的大小与磁滞回环的面积成正比,而磁滞回环的面积随着磁感应强度的增加而增加,故磁滞损耗同频率成正比。磁滞回线一般要通过实验测定,直接计算磁滞损耗比较困难。通常磁滞损耗表示为

$$P_h = k_h f B^\beta V \tag{4.2}$$

式中　k_h——取决于材料性能的常数;

　　　β——β 为施泰因梅茨系数,$\beta = 1.6 \sim 2.2$;

　　　f——磁场变化的频率;

　　　V——铁心的体积。

磁滞损耗转化为热能,使设备升温,效率降低,这在交流电机等设备中是需要妥善解决的问题。磁滞损耗的大小取决于所用材料的磁滞回线。软磁材料的磁滞回线狭窄,其磁滞损耗相对较小,故硅钢片广泛应用于电机、变压器、继电器等设备中。

2. 涡流损耗

涡流是作用在导体内部感生的电流,又称傅科电流。导体在磁场中运动,或者导体静止但存在随时间变化的磁场,或者两种情况同时出现,都可以造成磁力线与导体的相对切割。按照电磁感应定律,在导体中会产生感应电动势,从而驱动电流。这样引起的电流在导体中的分布随着导体的表面形状和磁通的分布而不同,其路径往往如水中的漩涡,因此称为涡流,如图 4.2 所示。导体在非均匀磁场中移动或处在随时间变化的磁场中时,因涡流而导致的能量损耗称为涡流损耗。涡流损耗的大小与磁场的变化方式、导体的运动、导体的几何形状、导体的磁导率和电导率等因素有关。通常,单位质量的涡流损耗,即涡流损耗系数表示为

$$P_e = \frac{\pi^2}{6\rho\rho_{Fe}} (\Delta \cdot B \cdot f)^2 \tag{4.3}$$

式中　ρ——材料电阻率;

　　　ρ_{Fe}——材料密度;

　　　Δ——材料厚度。

　　由式(4.3)可知,涡流损耗系数与磁通密度、频率及材料厚度的平方成正比,与材料的密度及电阻率成反比。

　　涡流的热效应对变压器和电机的运行极为不利。首先,它会导致铁心温度升高,从而危及线圈绝缘材料的寿命,严重时可使绝缘材料当即烧毁。其次,涡流发热要损耗额外的能量(即涡流损耗),使变压器和电机的效率降低。为了减小涡流,变压器和电机的铁心都不用整块钢铁而用很薄的硅钢片叠压而成。

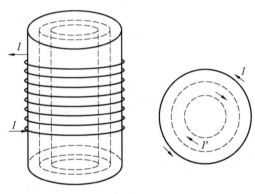

图 4.2　涡流

4.1.1.2　铜损耗

　　各种电机的内部都是由铁心和绕组线圈组成的。绕组中用的是铜导线,这些铜导线中存在直流电阻,当电流流过时这些电阻会消耗一定的功率,这部分损耗往往变成热量而消耗。根据焦耳定律,稳态时,损耗大小与电阻和电流的平方成正比,即

$$P_{Cm} = I^2 R \tag{4.4}$$

式中　R——铜导线的电阻;

　　　I——短路绕组内的电流。

　　在电机中通常有很多个绕组,则应分别计算各绕组的热损耗,然后叠加计算,即

$$P_{Cm} = \sum (I_m^2 R_m) \tag{4.5}$$

式中　I_m——第 m 相绕组的电流;

　　　R_m——第 m 相绕组的电阻。

4.1.2　旋转电磁效应原理

在旋转电机的正问题中,为了提高电机的性能体积比和可靠性,对于电能、机械能、磁场能和热能等能量形态,通常采取降低和抑制热能的措施,以获得好的机电能量转换效果。而从旋转电机损耗的反问题出发,利用电磁理论和旋转电机中损耗与温升的概念,可以将输入的能量作为"损耗"完全、充分、有效地转化为热能输出,而不输出机械能或电能。

图 4.3 是旋转电磁热机结构截面示意图。旋转电磁热机由定子部件、转子部件以及定、转子部件间的气隙、外罩等组成。定、转子部件同轴放置。定子部件由定子铁心、导管、导条、短路环组成,导管与导条焊接短路,形成笼型导电回路。转子部件为实心铁心,轴向开有若干槽,槽内装有切向充磁的永磁体,在转子铁心表面形成 N-S 交替分布的磁极,如图 4.4 所示。

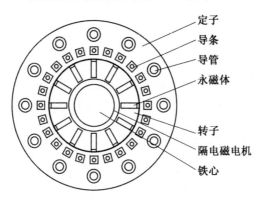

图 4.3　旋转电磁热机结构截面示意图

当外部动力带动转子部件旋转时,旋转永磁磁场通过气隙与定子部件交链,在定子铁心中产生磁滞、涡流损耗,在笼型导电回路中产生感应电势生成的二次短路电流的电阻损耗,定子和转子开槽引起的气隙磁导谐波磁场在对方铁心表面产生的表面损耗和脉动损耗及定、转子绕组和铁心中引起的损耗以及机械损耗等。所有损耗均变为热能由水媒质带走,并且水媒质同时处于旋转永磁磁场和二次短路电流的场域中,会对水媒质产生磁场和电场的协同作用。

以电机与电器温升反问题形成的动态电磁感应加热仍是基于电磁感应原理。其与静态电磁感应加热不同之处在于:

(1)交变磁场不是由非运动的励磁线圈产生,即不是基于变压器原理,而是由多相旋转磁场或旋转的永磁体产生的交变磁场,即基于旋转电机原理。

(2)动态电磁感应加热不仅是基于交变磁场中铁心的涡流、磁滞效应,还是利用铁磁物质运动切割磁力线,在转子闭合线圈中感应旋转电势的电流效应的

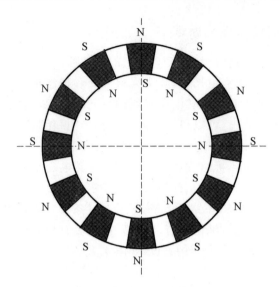

图 4.4　永磁转子磁场分布

综合加热方式。

（3）被加热水媒质受到旋转永磁磁场和二次短路电流的协同作用；而静态电磁感应仅是由于施感导体通过交变电流时，在其周围产生交变磁场。

4.1.3　旋转电磁效应仿真分析

旋转电磁效应是一个电磁场、温度场和流体场耦合的问题，包括电能、机械能、磁场能和热能等能量形态的转换，准确解析非常困难。通过有限元仿真可以分析各场变量之间的关系，可以研究旋转电磁场、短路电流分布以及旋转电磁效应的热功率。

采用有限元分析软件 Ansoft 进行仿真分析。Maxwell 2D/3D 包括交流/直流磁场、静电场以及瞬态电磁场、温度场分析，参数化分极，以及优化功能，并且可以由有限元结果自动生成等效电路模型。其中，交流磁场模块能求解受涡流、集肤效应、邻近效应影响的系统。它求解的频率范围可以从 0 Hz 到数百兆赫兹。应用范围覆盖母线、电机、变压器、绕组以及无损系统评估。它能自动计算损耗、铁耗、不同频率所对应的阻抗、力、转矩、电感以及储能。此外，还能给出整个相位的磁力线、B 和 H 的分布、电流分布以及能量密度等图形结果。交流磁场分析所得的功率损耗结果可作为耦合温度场热分析的输入，最终得到装置的完整热行为特性。

4.1.3.1　旋转磁场

旋转电磁热机的主磁路从永磁体的 N 极出发，经过转子铁心、气隙、定子铁心,再经过气隙、转子铁心,回到 S 极。图 4.5 是导管位置的旋转磁场分布情况。可以看出,所产生磁场为交变磁场,磁场强度幅值约为 0.25 T,其空间分布、形态特征以及旋转频率和场强大小与转速、转子部件结构以及永磁材料有关。

　　导管与导条之间采用导电性良好的非导磁材料铝焊接,以减少端部漏磁。虽然切向式转子磁路结构中永磁体并联,有两个永磁体截面对气隙提供每极磁通,可提高气隙磁密,但由于永磁体的磁化方向与气隙磁通轴线接近垂直,并且离气隙较远,实际作用于流体的磁场强度不足 0.25 T,如图 4.6 所示。

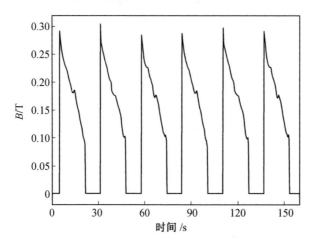

图 4.5　旋转磁场随时间的变化

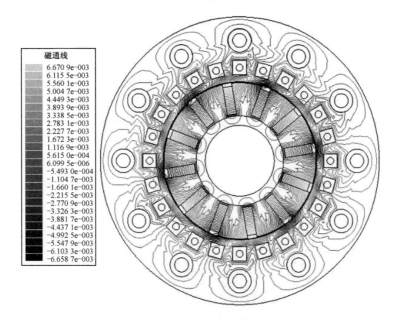

图 4.6　旋转磁场分布

4.1.3.2　短路电流

图 4.7 是短路电流的变化。可以看出,导条与导管的电流在起动后存在最大电流值,随后电流波形的幅值在一定区间内呈周期性变化。随着转速的增大,短路电流交变频率增大。

考虑电流的热效应,取半周期电流波形,按电流有效值公式(4.6)进行线性插值,对短路电流求取有效值。

$$I = \sqrt{\frac{1}{T} \int_t^{t+T} i^2(t)\,\mathrm{d}t} \qquad (4.6)$$

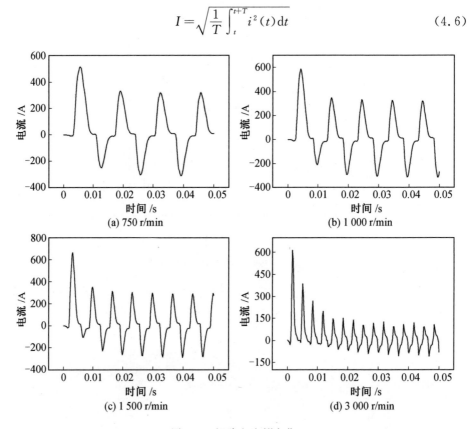

图 4.7　短路电流的变化

图 4.8 是转速与短路电流和交变频率的关系。可以看出,短路电流有效值在转速为 750 r/min、1 000 r/min 和 1 500 r/min 时基本没有变化,而在转速为 3 000 r/min 时,则显著降低。

4.1.3.3　热功率

图 4.9 是旋转电磁热机的转速与热功率的关系。可以看出,起动时热功率出现最大值,随后产生周期性变化。随着转速的增大,热功率增大。这是由于随着转速的增大,旋转磁场交变频率也随之增大(图 4.8),故磁滞和涡流热功率随

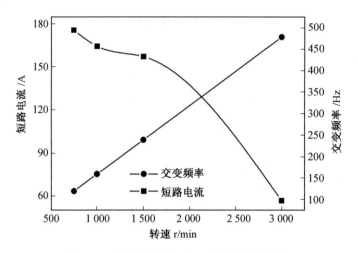

图 4.8 转速与短路电流和交变频率的关系

之增大。

图 4.10 是旋转电磁热机的铁心长度与热功率的关系。可以看出，随着铁心长度的增加，热功率也增大。这是由于铁心长度增加，铁心体积增大，铁心产生的热功率也随之增大。

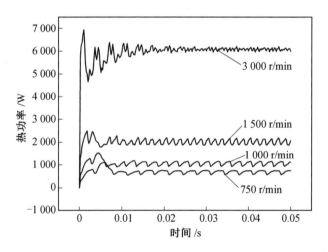

图 4.9 旋转电磁热机的转速与热功率的关系

由于热功率呈动态周期性变化，取一个周期功率波形，按下式进行线性插值，对热功率求取平均值。

$$P_{av} = \frac{1}{T} \int_{t}^{t+T} P(t) \, dt \tag{4.7}$$

图 4.11 是转速和铁心长度与平均热功率的关系。可以看出，随着转速和铁

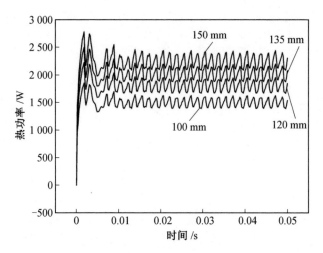

图 4.10　旋转电磁热机的铁心长度与热功率的关系

心长度的增加,热功率均增大,但转速对热功率的影响尤为显著。

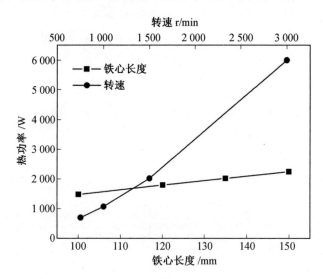

图 4.11　转速和铁心长度与平均热功率的关系

4.2　模拟海水水质测试实验方案

(1) 温度影响的水质实验。

采用雷磁 DDSJ－308A 型电导率仪测量 3.5％NaCl 溶液在 20 ℃升温至 35 ℃、40 ℃、45 ℃、50 ℃、55 ℃再降温至 20 ℃的升温—降温往复过程的连续温度一电导率关系曲线。

采用雷磁 JPSJ−605 型溶解氧仪测量 20 ℃升温至 55 ℃降温至 20 ℃的升温一降温往复过程的连续"温度−溶解氧含量"关系曲线。

采用雷磁 PHS−3C 型 pH 仪（电极型号为 E−201−C）测量 20 ℃升温至 55 ℃降温至 20 ℃的升温一降温往复过程的连续"温度−pH"关系曲线。

图 4.12 为温度影响水质实验装置示意图。实验具体实施过程中，在水浴加热或冷却的同时对溶液进行恒速搅拌，以保证溶液温度变化时水质的均匀变化以及溶液的物化状态处于平衡转变过程，其中，机械搅拌桨转速控制在（300±10）r/min 范围内，升温速率控制在 0.15~0.3 ℃/min 范围内；降温速率控制在 0.2~0.4 ℃/min 范围内。

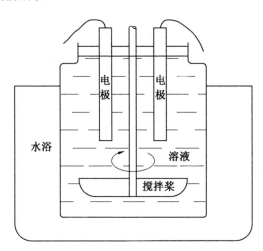

图 4.12　温度影响水质实验装置示意图

（2）旋转电磁效应影响的水质实验。

旋转电磁效应影响的水质实验中，旋转电磁场的磁场强度为 0.2 T，交变频率分别取 50 Hz、100 Hz、150 Hz 和 200 Hz，循环水体积为 10 L，循环水流量为 1 m³/h。

旋转电磁效应影响的水质实验分为两个连续阶段，第一阶段为旋转电磁处理（REMP）实验，时间 t 为 12 h；第二阶段为旋转电磁记忆（REMM）处理实验，时间 t 为 12 h。实验过程中每小时进行一次水质测量，用烧杯从水箱中取出待测水样，放入与溶液温度一致的水浴中，分别测量电导率 K、溶解氧含量 DO 和 pH。

图 4.13 为旋转电磁效应发生装置结构示意图。由旋转的永磁体产生交变磁场，基于交变磁场中铁心的涡流、磁滞，以及铁磁物质运动切割磁力线，在转子闭合线圈中产生感应旋转电势的短路电流，水媒质受到交变磁场和短路电流的

协同作用,从而改善水媒质的物理化学性质。通过控制原动机的交变频率可以控制和调节磁滞、涡流和二次感应电流综合形成的热量大小以及永磁体和二次电流形成的交变合成电磁场大小,获得目标需求的热和电磁场匹配。

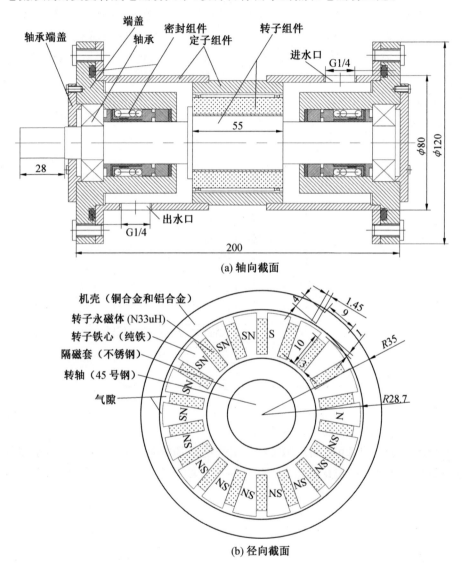

图 4.13 旋转电磁效应发生装置结构示意图

图 4.14 为旋转电磁效应影响水质实验装置示意图。实验具体实施过程中,水箱中的溶液由水泵带动在管道中循环,在流经旋转电磁效应发生装置过程中被加热和磁化,通过控制阀 1 和阀 2 设定循环回路,当阀 1 打开且阀 2 关闭时经旋转电磁处理,阀 2 打开且阀 1 关闭时是单纯的循环流动,阀 3 为排水口,实验过

程中为关闭状态。

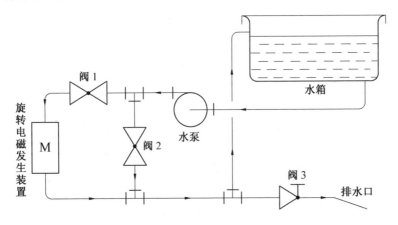

图 4.14　旋转电磁效应影响水质实验装置示意图

4.2.1　热效应影响

4.2.1.1　热效应对电导率的影响

在 3.5％NaCl 溶液的热效应影响水质实验中,采取在线测量溶液电导率的方式,采样测试时间为 5 s,温度测量精度为 0.1 ℃,控制升温速率,降温过程空气换热对流,图 4.15 是温度－时间关系曲线,升温速率和降温速率见表 4.1。

图 4.16 是 3.5％NaCl 溶液的温度－电导率关系曲线,表 4.2 给出了温度－电导率曲线特征点。由图可见,当溶液温度低于 34 ℃时,溶液的电导率随着温度的升高而减小,且减小速率随温度的升高而减缓;当溶液温度高于 37 ℃时,电导率随温度的升高而增大,且增大速率随温度的升高而加快。峰值温度为40 ℃、45 ℃、50 ℃、55 ℃时,升温过程中电导率的突变温度均为 37.0 ℃,同时温度也会发生突变。峰值温度为 55 ℃时,电导率在 53 ℃左右出现了突变,电导率突然增大,此时没有温度的突变。峰值温度为 40 ℃、45 ℃、50 ℃、55 ℃时,降温过程中电导率曲线均在 34 ℃左右出现电导率突变,同时温度也突变。上述相关数值见表 4.2。峰值温度为 40 ℃时,降温过程中电导率的突变温度为 35.2 ℃,峰值温度为 45 ℃、50 ℃、55 ℃时,降温过程中电导率的突变温度均为 34 ℃。各峰值温度的电导率降温曲线均保持了升温曲线的逆向变化趋势,当温度低于45 ℃时,电导率随着温度的降低而增大,除峰值温度为 35 ℃时的降温过程中电导率稍小于升温过程中电导率,其他峰值温度降温过程的电导率均大于升温过程的电导率,且随着峰值温度的升高,电导率的增幅增大。

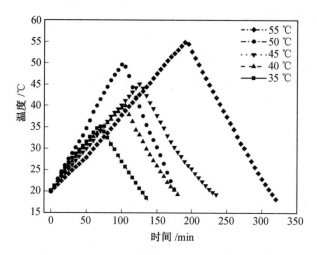

图 4.15　3.5％NaCl 溶液的温度—时间关系曲线

表 4.1　温度变化速率

峰值温度/℃	35	40	45	50	55
升温速率/(℃ · min^{-1})	0.217	0.190	0.197	0.201	0.180
降温速率/(℃ · min^{-1})	0.227	0.260	0.223	0.268	0.278

　　以峰值温度 55 ℃的电导率曲线说明电导率的突变情况。升温过程和降温过程的电导率相邻两点值的$|\Delta T_{D}|\leqslant 0.1$ ℃，而电导率突变处 $S_{db}\rightarrow S_{de}$ 和 $S_{ub}\rightarrow S_{ue}$ 的温度变化量$|\Delta T_{Sd}|$ 和 $|\Delta T_{Su}|$ 均大于等于 0.2 ℃，说明两处均发生了温度突变。

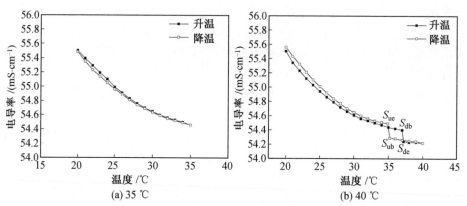

(a) 35 ℃　　　　　　　　　(b) 40 ℃

图 4.16　3.5％NaCl 溶液(pH＝5.80～5.89)的温度—电导率关系曲线

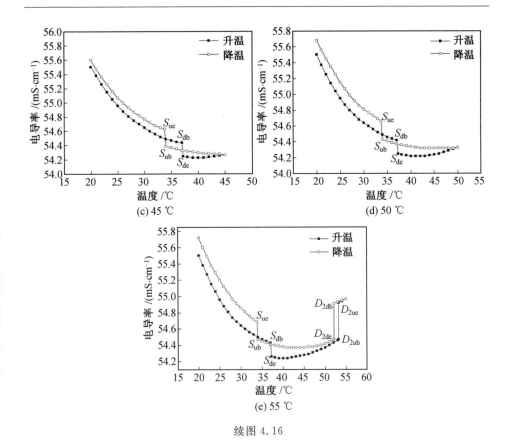

续图 4.16

在升温过程中,温度为 37.0 ℃ 时,电导率从 54.43 mS/cm 突减为 54.26 mS/cm,即 $S_{db} \rightarrow S_{de}$ 的突变,而温度则由 37.0 ℃ 突升为 37.2 ℃。在温度为 53.2 ℃ 时,电导率从 54.47 mS/cm 突增为 54.92 mS/cm,即 $D_{2ub} \rightarrow D_{2ue}$ 的突变,此时的电导率突变没有产生温度的突变。

在降温过程中,温度为 34.0 ℃ 时,电导率从 54.47 mS/cm 突增为 54.69 mS/cm,即 $S_{ub} \rightarrow S_{ue}$ 的转变,温度则由 34.0 ℃ 突降为 33.8 ℃;温度为 52.1 ℃ 时,电导率从 54.91 mS/cm 突减为 54.47 mS/cm,即 $D_{2db} \rightarrow D_{2de}$ 的突变,此时的电导率突变没有产生温度的突变。升温过程中的 D_{2u} 点与降温过程中的 D_{2d} 点在整个曲线范围内趋势一致。

当 3.5% NaCl 溶液初始 pH 相差不大时,各峰值温度的升温过程电导率曲线基本重合,降温过程电导率曲线形状与升温曲线相似,在升温过程中和降温过程中均出现突变。峰值温度为 35 ℃ 时,降温过程电导率小于升温过程,峰值温度为 40 ℃、45 ℃、50 ℃、55 ℃ 时,降温过程电导率比升温过程高,且峰值温度越高差值越大。各峰值温度的降温过程电导率突变温度小于对应的升温过程电导率突变温度。

表 4.2　温度—电导率曲线特征点

特征点	35 ℃		40 ℃		45 ℃		50 ℃		55 ℃	
S_{db}	—	—	37.0	54.40	37.0	54.44	37.0	54.42	37.0	54.43
S_{de}	—	—	37.2	54.24	37.2	54.25	37.3	54.25	37.2	54.26
S_{ub}	—	—	35.2	54.29	34.0	54.39	34.0	54.43	34.0	54.47
S_{ue}	—	—	34.9	54.49	33.8	54.63	33.7	54.66	33.8	54.69
D_{2ub}	—	—	—	—	—	—	—	—	53.2	54.47
D_{2ue}	—	—	—	—	—	—	—	—	53.2	54.92
D_{2db}	—	—	—	—	—	—	—	—	52.1	54.91
D_{2de}	—	—	—	—	—	—	—	—	52.1	54.47

4.2.1.2　热效应对溶解氧含量的影响

图 4.17 为 3.5%NaCl 溶液的温度—溶解氧含量关系曲线。由图可见,升温过程的温度—溶解氧含量曲线可以分为两段,即 20～35 ℃温度区间的减小段和 35～54 ℃温度区间的增大段,在温度为 54 ℃时出现溶解氧含量突减,然后再次增大;降温过程的温度—溶解氧含量曲线可以分为三段,即 55～41 ℃温度区间的减小段、41～35 ℃温度区间的稳定段、35～20 ℃温度区间的增大段。

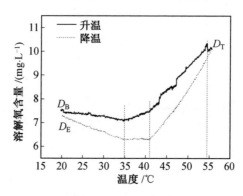

图 4.17　3.5%NaCl 溶液的温度—溶解氧含量关系曲线

升温过程和降温过程的温度—溶解氧含量曲线形成一个完整闭环,说明温度对溶解氧含量的影响具有可恢复性,且升温过程的溶解氧含量大于降温过程的溶解氧含量,在温度为 41 ℃时二者差值最大。升温过程减小段溶解氧含量的减小速率小于增大段溶解氧含量的增大速率,而降温过程减小段溶解氧含量的减小速率大于增大段溶解氧含量的增大速率,温度对溶解氧含量的影响则相反。

4.2.1.3　热效应对 pH 的影响

图 4.18 是 3.5%NaCl 溶液的温度－pH 关系曲线。由图可见,在升温过程和降温过程中,3.5%NaCl 溶液的 pH 均呈增大趋势。在峰值温度 41 ℃、45 ℃、50 ℃、55 ℃时,降温过程的溶液 pH 大于升温过程的溶液 pH,降温至 20 ℃终了时的溶液 pH 增幅分别为 0.18、0.22、0.28、0.31,随着峰值温度的升高,增幅增大;在峰值温度 36 ℃时降温过程的溶液 pH 增幅最为显著,降温至 20 ℃终了时的溶液 pH 增幅为 0.59。但在整个过程中,热效应引起的 pH 变化幅度均未超过 0.6。

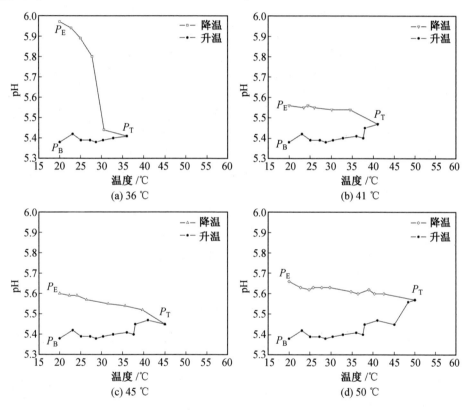

图 4.18　3.5%NaCl 溶液的温度－pH 关系曲线

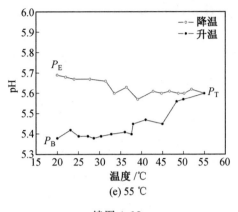

(e) 55 ℃

续图 4.18

图 4.19 是峰值温度 35 ℃时不同初始 pH 的 3.5%NaCl 溶液的温度－pH 关系曲线。实验中制备的三种 3.5%NaCl 溶液的初始 pH 均小于 7,呈弱酸性,热效应使得三种溶液的 pH 均增大,随着溶液初始 pH 的增大,pH 呈现出先增大后减小的趋势。

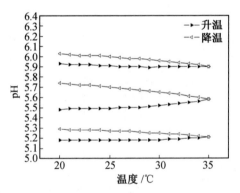

图 4.19　峰值温度 35 ℃时不同初始 pH 的 3.5%NaCl 溶液的温度－pH 关系曲线

4.2.2　旋转电磁处理影响

4.2.2.1　旋转电磁处理对温度的影响

图 4.20 是不同交变频率旋转电磁处理阶段 3.5%NaCl 溶液的温度曲线。曲线可以分为两段,其中,T_B 点为温度初始值,T_1 点为峰值温度值,T_2 点为温度结束值,T_B 点至 T_1 点曲线体现为温度升高段,T_1 点至 T_2 点曲线体现为温度平稳段。

由 T_B 点至 T_1 点曲线可以看出,不同交变频率旋转电磁处理的升温时间均为 3 h,至 T_1 点,温度分别为 30.5 ℃(50 Hz)、36.9 ℃(100 Hz)、44.5 ℃(150 Hz)、

51.9 ℃(200 Hz),升温速率随交变频率的增大而增大,分别为 2.8 ℃/h (50 Hz)、4.8 ℃/h(100 Hz)、7.0 ℃/h(150 Hz)、17.3 ℃/h(200 Hz)。从 T_1 点至 T_2 点,温度则一直保持平稳。

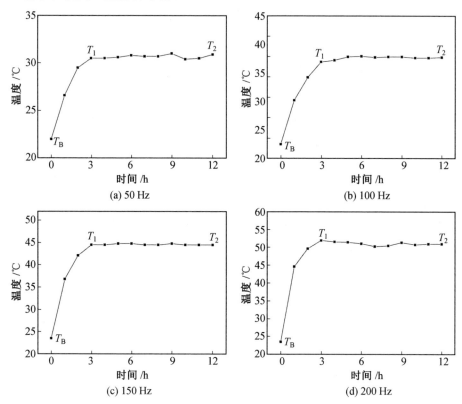

图 4.20　不同交变频率旋转电磁处理阶段 3.5%NaCl 溶液的温度曲线

4.2.2.2 旋转电磁处理对电导率的影响

为了探讨交变磁场效应对 3.5%NaCl 溶液水质的影响,根据实验测试得到的旋转电磁效应"时间—水质"关系曲线,以等温条件选取水质数据,将热效应"温度—水质"关系曲线作对比曲线,分析旋转电磁效应对水质的影响。

电导率热效应对比线的绘制方法为:考虑到 50 Hz 旋转电磁处理阶段的平衡温度约为 31 ℃,所以从 3.5%NaCl 溶液的"温度—电导率"关系曲线中选取峰值温度相近的实验数据,建立等温条件下的旋转电磁效应与热效应的电导率对比线。同理,可以绘制频率为 100 Hz、150 Hz、200 Hz 的电导率对比线。

图 4.21 为不同交变频率旋转电磁处理阶段 3.5%NaCl 溶液的电导率曲线。由图可见,曲线可以分为两段,其中,C_B 点为电导率初始值,C_V 点为电导率最小值,C_2 点为电导率结束值,C_B 点至 C_V 点曲线体现为电导率减小段,C_V 点至 C_2 点

曲线体现为电导率增大段。电导率热效应对比线也可以分为两段,第一段与旋转电磁处理的影响趋势一致,第二段则由于热效应处理过程中溶液峰值温度不变而体现为近似直线。

由 C_B 点至 C_V 点曲线可以看出,随着交变频率的增大,NaCl 溶液电导率减幅增大,比初始值分别减小了 1.718%(50 Hz)、2.733%(100 Hz)、2.735%(150 Hz)、2.842%(200 Hz),且不同频率旋转电磁处理的 NaCl 溶液电导率减幅均大于热效应对比线,其减幅差值分别为 0.542%(50 Hz)、0.959%(100 Hz)、1.247%(150 Hz)、1.572%(200 Hz)。旋转电磁处理时电导率减幅与热效应时电导率减幅的差值反映了交变磁场效应的作用,随着交变频率增大,电导率减幅差值也增大。

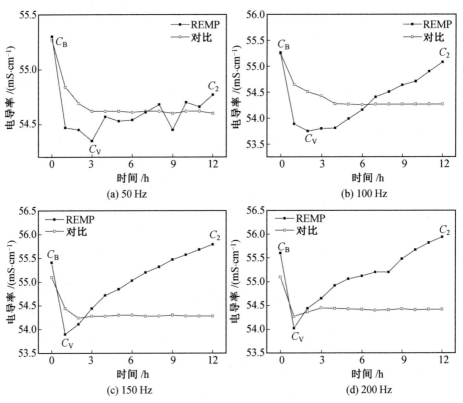

图 4.21　不同交变频率旋转电磁处理阶段 3.5% NaCl 溶液的电导率曲线

由 C_V 点至 C_2 点曲线可以看出,随着处理时间的增加,不同交变频率磁场效应的作用使得 NaCl 溶液电导率增大,并且随着交变频率的增大,其斜率增大,使得电导率值达到热效应对比线的处理时间减小,分别为 50 Hz 处理 7 h、100 Hz 处理 6 h、150 Hz 处理 3 h、200 Hz 处理 2 h。50 Hz 处理和 100 Hz 处理时的电导率结束值比初始值减小了 0.958%、0.326%,而 150 Hz 处理 8 h 和 200 Hz 处理 9 h 时的电导率已增大至初始值,处理 12 h 时的电导率结束值比初始值增大了 0.686%、0.612%。

4.2.2.3　旋转电磁处理对溶解氧含量的影响

溶解氧含量热效应对比线也按电导率热效应对比线方法绘制,从 3.5% NaCl 溶液"温度-溶解氧含量"关系曲线中选取升温区间与旋转电磁效应峰值温度相近的实验数据,建立相同温度下的旋转电磁效应与热效应的溶解氧含量对比线。图 4.22 为不同交变频率旋转电磁处理阶段 3.5%NaCl 溶液的溶解氧含量曲线。

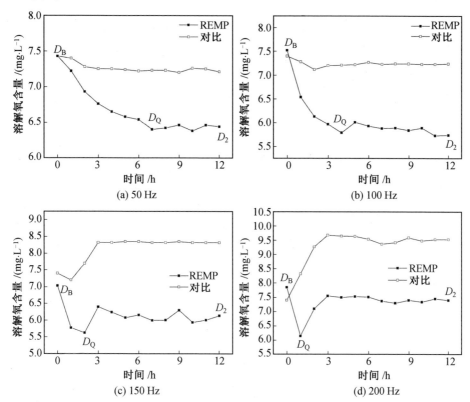

图 4.22　不同交变频率旋转电磁处理阶段 3.5%NaCl 溶液的溶解氧含量曲线

由图可见,曲线可以分为两段,其中,D_B 点为溶解氧含量初始值,D_Q 点为溶解氧含量最小值,D_2 点为溶解氧含量结束值,D_B 点至 D_Q 点曲线体现为溶解氧含量减小段,D_Q 点至 D_2 点曲线大致体现为溶解氧含量平稳段。溶解氧含量热效应对比线也可以分为两段,溶解氧含量变化段和溶解氧含量平稳段,变化段的处理时间均为 3 h,与升温时间一致,这是由于热效应的作用引起的,但 50 Hz 和 100

Hz 时的溶解氧含量变化段为减小趋势,而 150 Hz 和 200 Hz 时则为增大趋势。

由 D_B 点至 D_Q 点曲线可以看出,随着交变频率的增大,溶解氧含量减小段的处理时间区间减小,分别为 7 h(50 Hz)、4 h(100 Hz)、2 h(150 Hz)、1 h(200 Hz),溶解氧含量比初始值分别减小了 13.863%(50 Hz)、23.005%(100 Hz)、19.915%(150 Hz)、21.783%(200 Hz)。50 Hz 和 100 Hz 处理时热效应的作用使得溶解氧含量减小,150 Hz 和 200 Hz 处理时热效应的作用使得溶解氧含量增大,而旋转电磁处理使得溶解氧含量均减小,这主要是交变磁场效应引起的。

由 D_Q 点至 D_2 点曲线可以看出,50 Hz 处理时的溶解氧含量呈平稳趋势,而 100 Hz、150 Hz 和 200 Hz 处理时则先增大后平稳,其增大区间的处理时间区间分别为 1 h(100 Hz)、1 h(150 Hz)、2 h(200 Hz),增幅则分别为 3.799%(100 Hz)、13.677%(150 Hz)、22.964%(200 Hz),随着交变频率的增大,溶解氧含量增幅增大,这主要是由于交变频率的增大导致热效应峰值温度升高,但不同频率旋转电磁处理 NaCl 溶液的溶解氧含量均小于热效应对比线,说明热效应对溶解氧含量起到的增大作用小于交变磁场效应对其起到的减小作用,此时以交变磁场效应的作用为主。

4.2.2.4　旋转电磁处理对 pH 的影响

由于热效应中 pH 的变化具有较大的不确定性,且热效应引起的 pH 增幅均不超过 0.6,因此 pH 热效应对比线采用 $pH = pH_B + 0.6$(pH_B 为图 4.23 中 P_B 对应的 pH),以水平直线绘制。图 4.23 为不同交变频率旋转电磁处理阶段 3.5%NaCl 溶液的 pH 曲线。由图可见,曲线可以分为两段,其中 P_B 点为 pH 初始值,P_a 点为旋转电磁处理 1 h 时 pH,P_2 点为 pH 结束值,P_B 点至 P_a 点曲线体现为 pH 快速增大段,P_a 点至 P_2 点曲线体现为 pH 慢速增大段。

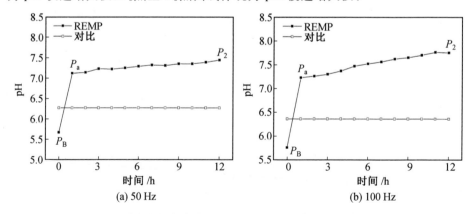

图 4.23　不同交变频率旋转电磁处理阶段 3.5%NaCl 溶液的 pH 曲线

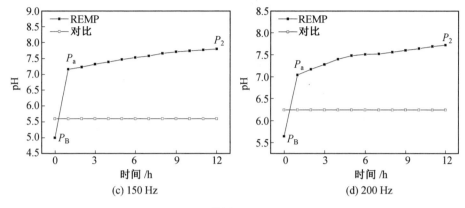

续图 4.23

由 P_B 点至 P_a 点曲线可以看出,不同交变频率旋转电磁处理使得 NaCl 溶液的 pH 比初始值分别增大了 25.573%(50 Hz)、25.521%(100 Hz)、43.201%(150 Hz)、24.823%(200 Hz),在 150 Hz 交变磁场处理时 pH 增幅最大,这是由于 150 Hz 交变磁场处理 1 h 时溶液的温度升高至 36.8 ℃,该温度点 CO_2 的溶解度突降,pH 增大。

由 P_a 点至 P_2 点曲线可以看出,随着旋转电磁处理时间的增加,溶液的 pH 缓慢增大,增幅分别为 4.494%(50 Hz)、7.192%(100 Hz)、8.939%(150 Hz)、9.659%(200 Hz),随着交变频率的增大而增大,并且 pH 的增大速率也随交变频率的增大而增大,分别为 0.029 h^{-1}(50 Hz)、0.047 h^{-1}(100 Hz)、0.058 h^{-1}(150 Hz)、0.062 h^{-1}(200 Hz)。

4.2.3　旋转电磁记忆效应影响

4.2.3.1　旋转电磁记忆效应对温度的影响

图 4.24 为不同交变频率旋转电磁记忆处理阶段 3.5% NaCl 溶液的温度曲线。由图可见,曲线大致分为三段,即 T_2 点至 T_3 点为快速降温段,T_3 点至 T_4 点为慢速降温段和 T_4 点至 T_E 点为稳定段。

由 T_2 点至 T_3 点曲线可以看出,不同交变频率旋转电磁处理后降温段时间和速率不同,降温时间区间分别为 7 h(50 Hz)、4 h(100 Hz)、6 h(150 Hz)、6 h(200 Hz),降温速率分别为 1.13 ℃/h(50 Hz)、2.85 ℃/h(100 Hz)、3.08 ℃/h(150 Hz)、4.2 ℃/h(200 Hz),降温速率随前期处理时交变频率的增大而增大。

由 T_3 点至 T_4 点曲线可以看出,慢速降温段结束时 T_4 点的处理时间均为记忆 8 h,降温时间区间分别为 1 h(50 Hz)、4 h(100 Hz)、2 h(150 Hz)、2 h(200 Hz),降温速率分别为 0.5 ℃/h(50 Hz)、0.53 ℃/h(100 Hz)、0.7 ℃/h(150 Hz)、0.85 ℃/h(200 Hz),降温速率也随前期处理时交变频率的增大而增

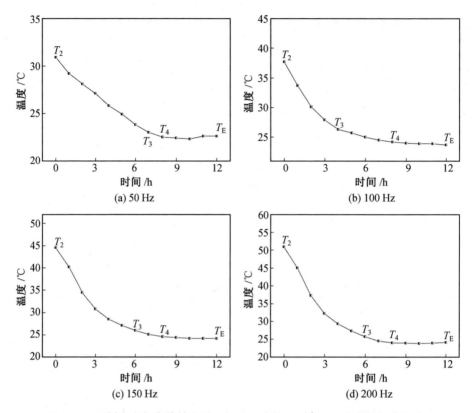

图 4.24 不同交变频率旋转电磁记忆处理阶段 3.5%NaCl 溶液的温度曲线

大,前期 50 Hz 处理后的快速降温段长、慢速降温段短,与其峰值温度(30.9 ℃)较低有关,前期 100 Hz 处理后的快速降温段短、慢速降温段长,与其峰值温度(37.7 ℃)时 CO_2 溶解有关。

4.2.3.2 旋转电磁记忆效应对电导率的影响

图 4.25 为不同交变频率旋转电磁记忆处理阶段 3.5%NaCl 溶液的电导率曲线。由图可见,曲线可以分为两段,即 C_2 点至 C_3 点曲线体现为电导率增大段,C_3 点至 C_E 点曲线体现为电导率平稳段。电导率热效应对比线也可以分为两段,与旋转电磁记忆处理的影响趋势一致。

由 C_2 点至 C_3 点曲线可以看出,不同交变频率旋转电磁记忆处理阶段 NaCl 溶液的电导率均大于热效应对比线,处理时间区间分别为 7 h(50 Hz)、4 h(100 Hz)、6 h(150 Hz)、6 h(200 Hz)。随着处理时间的增加,电导率一直增大,比初始值分别增大了 1.534%(50 Hz)、1.398%(100 Hz)、2.294%(150 Hz)、2.681%(200 Hz),随着前期处理时交变频率的增大,电导率增幅增大,电导率增大速率分别为 0.12 mS/(cm · h)(50 Hz)、0.193 mS/(cm · h)(50 Hz)、

0.213 mS/(cm · h)(50 Hz)、0.25 mS/(cm · h)(50 Hz),随着前期处理时交变频率的增大而增大。不同交变频率旋转电磁记忆处理的 NaCl 溶液电导率增幅均大于热效应对比线,其增幅差值分别为 0.527%(50 Hz)、0.274%(100 Hz)、0.968%(150 Hz)、1.284%(200 Hz),随着前期处理时交变频率增大,电导率增幅差值也增大,仅前期 100 Hz 电磁处理后旋转电磁记忆处理阶段电导率最小,与其快速降温段 CO_2 溶解有关。与前述对比可知,热效应使得溶液电导率减小,而旋转电磁处理使得溶液电导率增大,旋转电磁处理的影响大,在旋转电磁记忆处理阶段,溶液温度降低和旋转电磁记忆效应均使得溶液电导率增大,旋转电磁处理对溶解电导率具有明显的记忆效应。

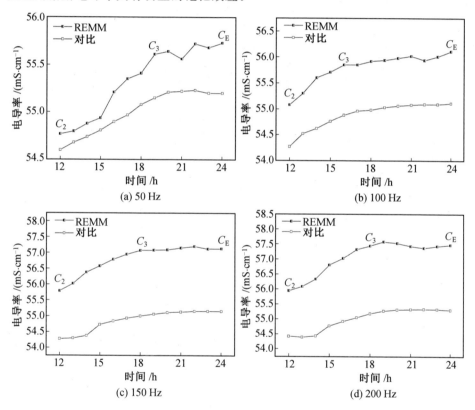

图 4.25　不同交变频率旋转电磁记忆处理阶段 3.5%NaCl 溶液的电导率曲线

　　由 C_3 点至 C_E 点曲线可以看出,处理时间区间分别为 5 h(50 Hz)、8 h(100 Hz)、6 h(150 Hz)、6 h(200 Hz),此时溶液温度基本为室温,无热效应影响。经过前期交变磁场 50 Hz 处理后的溶液,在记忆处理阶段的平稳段电导率有一定波动,交变频率增大有利于平稳段电导率值趋于平稳。

4.2.3.3 旋转电磁记忆效应对溶解氧含量的影响

图 4.26 为不同交变频率旋转电磁记忆处理阶段 3.5％NaCl 溶液的溶解氧含量曲线。由图可见,前期不同交变频率处理后的记忆处理阶段的溶解氧含量曲线大致分为两种情况:①前期 50 Hz 和 100 Hz 处理后曲线分为两段,即 D_2 点至 D_4 点的增大段和 D_4 点至 D_E 点的平稳段;②前期 150 Hz 和 200 Hz 处理后曲线分为三段,即 D_2 点至 D_Q 点的减小段、D_Q 点至 D_4 点的增大段和 D_4 点至 D_E 点的平稳段。溶解氧含量热效应对比线也分为两种情况:①前期 50 Hz 和 100 Hz 处理后曲线为近似平稳段;②前期 150 Hz 和 200 Hz 处理后曲线可以分为两段,即减小段和平稳段。

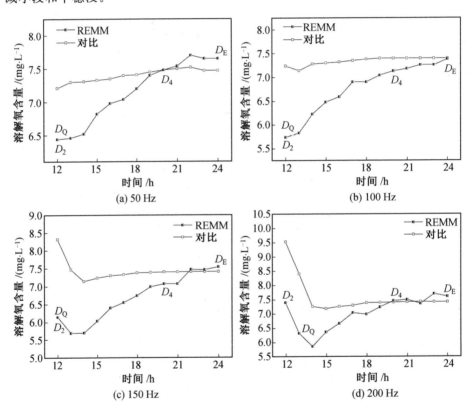

图 4.26　不同交变频率旋转电磁记忆处理阶段 3.5％NaCl 溶液的溶解氧含量曲线

由 D_2 点至 D_4 点曲线可以看出,前期 50 Hz 和 100 Hz 处理后的溶解氧含量一直增大,处理时间均为 10 h,与初始值相比,分别增大了 19.565％和26.481％。前期 50 Hz 和 100 Hz 处理后的溶解氧含量先减小后增大,D_2 点至 D_Q 点的减小段,处理时间均为 2 h,与初始值相比,分别减小了 7.166％和20.811％,D_Q 点至 D_4 点的增大段,处理时间区间分别为 8 h、6 h,与初始值相比,分别增大了

21.66％和 0.811％。溶液热效应升温至约 40 ℃以上时,才会使得溶解氧含量迅速增大,旋转电磁记忆处理阶段为降温过程,由溶解氧含量热效应对比线可以看出,前期 50 Hz 和 100 Hz 处理后溶液的温度均低于 40 ℃,所以溶解氧含量热效应对比线为近似直线,而前期 150 Hz 和 200 Hz 处理后溶液的温度均高于40 ℃,溶解氧热效应对比线为先减小后平稳。前述旋转电磁处理使得溶液溶解氧含量减小,而在旋转电磁记忆处理阶段,溶液溶解氧含量一直增大至与室温时溶解氧含量一致,随着处理时间的增加,旋转电磁处理对溶解氧含量的热效应和交变磁场效应不断减弱。

由 D_4 点至 D_E 点曲线可以看出,前期 50 Hz、150 Hz 和 200 Hz 处理后在记忆处理阶段的溶解氧含量略大于溶解氧含量热效应对比线,其平稳段区间分别为 3 h、3 h 和 4 h,而前期 100 Hz 处理后在记忆处理阶段的溶解氧含量略小于热效应对比线,其处理时间区间为 3 h,结束时基本与溶解氧含量热效应对比线一致。前期 50 Hz、150 Hz 和 200 Hz 处理后记忆处理阶段的溶解氧含量在平稳段的增幅分别为 2.41％、1.08％、1.48％。前期旋转电磁处理时,交变磁场效应虽然使得溶液溶解氧含量降低,但其对溶液中的溶剂水分子还具有磁化作用,促使缔合态水分子链氢键断开、缩短,使得其活性和可溶解性增大。在旋转电磁记忆处理阶段,溶解氧含量一直增大至平稳,正是前期旋转电磁处理对溶液中水分子的磁化作用,使得处理后溶液的溶解氧含量增大。

4.2.3.4 旋转电磁记忆效应对 pH 的影响

图 4.27 为不同交变频率旋转电磁记忆处理阶段 3.5％NaCl 溶液的 pH 曲线。由图可见,旋转电磁记忆处理阶段 pH 曲线可以分为三段,即 P_2 点至 P_3 点曲线体现为 pH 增大段,P_3 点至 P_4 点曲线体现为 pH 平稳段,P_4 点至 P_E 点曲线体现为 pH 减小段。

由 P_2 点至 P_3 点曲线可以看出,不同交变频率旋转电磁记忆处理阶段的 NaCl 溶液 pH 增大,处理时间区间均为 3 h,但增幅较小,比初始值分别增大了 0.403％(50 Hz)、1.677％(100 Hz)、3.333％(150 Hz)、3.368％(200 Hz),随着前期旋转电磁处理时交变频率的增大而增大,依然保持了旋转电磁处理对溶液 pH 增大的记忆效应。

由 P_4 点至 P_E 点曲线可以看出,随着处理时间的增加,pH 基本保持不变,处理时间区间分别为 5 h(50 Hz)、6 h(100 Hz)、6 h(150 Hz)、7 h(200 Hz),随着前期旋转电磁处理时交变频率的增大而略有延长,此时,虽然旋转电磁处理对溶液 pH 增大的记忆效应不断减弱,但仍保持了记忆效应的稳定性。

由 P_3 点至 P_4 点曲线可以看出,随着处理时间的增加,pH 减小,减幅分别为 9.961％(50 Hz)、0.764％(100 Hz)、1.368％(150 Hz)、1.752％(200 Hz),前期

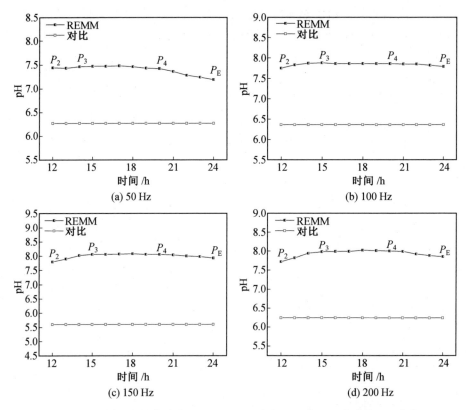

图 4.27 不同交变频率旋转电磁记忆处理阶段 3.5％NaCl 溶液的 pH 曲线

100 Hz、150 Hz、200 Hz 旋转电磁处理后,减幅随着交变频率的增大而增大,但相差很小,其最终 pH 分别为 7.79、7.93、7.85,而前期 50 Hz 旋转电磁处理后的减幅较大,其最终 pH 为 7.19,此时旋转电磁处理对溶液 pH 增大的记忆效应已消失,但由于交变磁场效应对溶剂水分子的磁化作用仍有效果,与前述溶解氧含量变化一致。

4.2.4 旋转电磁效应影响机理

4.2.4.1 旋转电磁效应对溶剂水分子缔合态的影响

水分子是一种极性分子,分子间氢键形成的主要原因是水分子间存在电偶极相互作用。磁场可以使水分子缔合链中氢键网络的电子云产生微弱形变或扰动,导致水分子电场分布变动,水分子的构型改变,分子间距增大,范德瓦耳斯力减弱,并且磁场能够破坏水分子间的氢键,使得较大的水分子缔合链断开,改变水分子簇结构。

磁场对水的扩散系数也有影响,水的扩散系数与磁场强度是多极值关系,在常温 0.25 T 时磁化效果最为明显。这主要是由于磁场改变了水的径向分布函数,使得水的结构发生变化,影响了水的扩散系数,增大了水分子的活性和渗透性,与磁场处理水的紫外光波段的吸光度增加、布里渊散射频移变化、渗透压增大一致。

4.2.4.2　旋转电磁效应对离子水化态的影响

溶解在水中的离子一般以水化离子形态存在。当水化离子以一定流速切割磁力线时,受到洛伦兹力的作用,进行螺旋式圆周运动,正、负离子旋转方向相反,Ca^{2+} 以 0.5 m/s 流速通过 1.6 cm 长的磁场时,旋转次数约在 10^3 以上。

磁场对离子扩散系数也有影响,磁场作用使得 Na^+、Cl^- 的均方位移增加,自扩散系数增加。表明磁场作用使离子和水分子之间作用减弱,离子水化圈内水分子增多,离子簇变大,离子扩散能力提高。磁场强度与温度相比,对 Cl^- 扩散系数的影响程度大,对 Na^+ 扩散系数的影响程度小,这将对 Cl^- 腐蚀行为产生影响。

目前,众多学者采用恒定静磁场来研究磁场对溶剂水分子缔合态和离子水化态的影响。本章所采用的交变磁场与恒定静磁场相比,在磁场强度、流速相同情况下,以一定频率对溶液施加磁场作用,水化离子受交变的洛伦兹力作用而呈现出发散的螺旋式圆周运动状态,更有利于促使离子水化圈均匀扩散。

4.2.4.3　旋转电磁效应对水质变化的影响

为了系统分析旋转电磁效应中热效应和交变磁场效应对 3.5% NaCl 溶液水质的影响机理,将旋转电磁效应的“时间—水质”关系曲线横坐标以温度变化为依据进行分区,如图 4.28 所示,可以分为温度上升区、温度平稳区、温度骤降区、温度缓降区,最终为室温。分区界线 l_1 为温度上升区峰值温度的处理时间,分区界线 l_2 为旋转电磁处理终结时的处理时间,分区界线 l_3 为旋转电磁记忆处理阶段温度骤降区的结束时间,分区界线 l_4 为旋转电磁记忆处理阶段温度缓降区的结束时间。

在温度上升区,常温 NaCl 溶液受热效应和交变磁场效应影响,温度升高,热功率随交变频率的增大而增大。

在温度平稳区,NaCl 溶液同样受热效应和交变磁场效应影响,峰值温度随交变频率的增大而增大,但由于与外界的对流换热平衡,因此溶液峰值温度基本保持不变。

在温度骤降区,无热效应和交变磁场效应,NaCl 溶液温度快速降低,但仍受交变磁场的记忆效应影响。

在温度缓降区,无热效应和交变磁场效应,NaCl 溶液温度缓慢降低至室温,与外界的对流换热以及交变磁场的记忆效应均减弱。

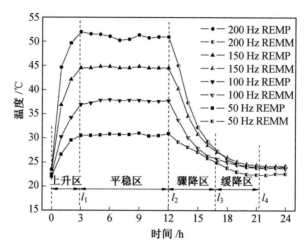

图 4.28　旋转电磁效应的"时间—温度"关系曲线分区图

　　图 4.29 为以温度变化为依据的旋转电磁效应的"时间—电导率"关系曲线分区图。由图可见,在温度上升区,NaCl 溶液电导率先减小后增大,在温度平稳区和温度骤降区,电导率增大,在温度缓降区,电导率变化较小。

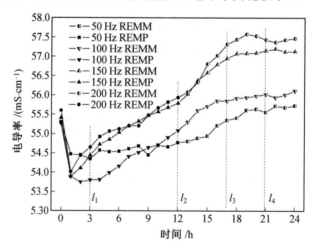

图 4.29　旋转电磁效应的"时间—电导率"关系曲线分区图

　　热效应引起溶液温度升高,使得溶液的电离度增加,离子数量增多,离子迁移的动能增大,运动速度加快,电导率增大。交变磁场效应使得离子水化形态扩散,运动速度加快,电导率增大。在温度上升区,电导率先下降主要是由于实验使用制备的去离子水时,CO_2 和 O_2 初期溶解平衡中发生了碱式反应。在温度平稳区,由于溶液与外界对流换热平衡,电导率增大主要是交变磁场作用引起的。在温度骤降区,温度降低,电导率应降低,但交变磁场的记忆效应仍起主要作用,电导率持续增大。在温度缓降区,温度的影响已非常小,记忆效应虽有减弱,但仍对电导率有影响,保持了电导率基本恒定。

图 4.30 为以温度变化为依据的旋转电磁效应的"时间—溶解氧含量"关系曲线分区图。由图可见,在温度上升区,溶解氧含量在 50 Hz 和 100 Hz 处理时一直减小,在 150 Hz 和 200 Hz 处理时则先减小后增大。在温度平稳区,溶解氧含量基本保持恒定。在温度骤降区、温度缓降区,溶解氧含量呈增大趋势。

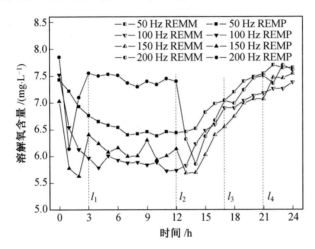

图 4.30　旋转电磁效应的"时间—溶解氧含量"关系曲线分区图

热效应引起温度升高,会使得溶解氧含量降低,而交变磁场对溶解氧并没有直接影响。在温度上升区,溶解氧含量降低是温度快速升高引起的。在温度平稳区,虽然溶解氧含量基本保持恒定,但随着交变频率的增大,溶解氧含量峰值增大,如前述温度平稳区溶液与外界对流换热达到平衡,但温度峰值随交变频率的增大而增大,使得溶解氧含量增大,同时交变频率增大使得磁场对水分子缔合链氢键的作用效果增大,水分子活性提高,也使得溶解氧含量增大,从旋转电磁处理结束后溶解氧含量快速减小可以看出,溶解氧含量的增大主要以温度引起为主。在温度骤降区、温度缓降区,这个过程中温度降至室温,溶解氧含量一直增大,旋转电磁处理对溶解氧含量没有记忆效果,最终比初始值略高,这是旋转电磁处理对水分子氢键断裂、缔合态短程化具有记忆效果引起的。

图 4.31 为以温度变化为依据的旋转电磁效应的"时间—pH"关系曲线分区图。由图可见,在温度上升区、温度平稳区,pH 均呈增大趋势,在温度骤降区、温度缓降区,pH 则基本保持恒定,达到室温后略有减小。

热效应和交变磁场效应均影响 NaCl 溶液中的碱式反应,使之按逆向进行,从而导致氢氧根浓度增大,pH 增大。在温度上升区、温度平稳区是热效应和交变磁场效应的共同作用,在温度骤降区、温度缓降区则是交变磁场记忆效应作用,且交变频率增大,交变磁场对电导率的记忆时间和效果更为显著。

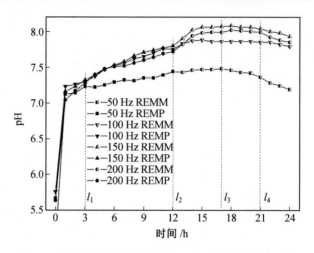

图 4.31　旋转电磁效应的"时间－pH"关系曲线分区图

第5章　铜及铜合金在旋转电磁效应作用海水环境中的电化学腐蚀动力学

5.1　电化学腐蚀实验方案

金属的腐蚀是金属与周围环境介质之间发生化学或电化学作用而引起的破坏或变质,即金属及其所处环境构成的腐蚀体系及体系中发生的化学和电化学反应。铜及铜合金在 NaCl 溶液中发生的腐蚀主要以电化学腐蚀为主,因此采用电化学方法对其腐蚀过程及机理进行分析。

采用上海辰华 CHI660D 型电化学工作站进行电化学腐蚀实验,测量体系为经典的三电极体系,其中待腐蚀试样为研究电极,饱和甘汞为参比电极,铂为辅助电极。在实验过程中,需首先对试样的自腐蚀电位进行测量,然后分别进行极化曲线和阻抗谱测量,极化曲线测量时,测试初始电位值为 -1.5 V,测试结束的最终电位值为 0.5 V,测试次数为 1 次,等待时间为 2 s,电极扫描速率为 0.01 V/s,测量精度为 1×10^{-6},测试选择自动扫描。阻抗谱测量时,初始电位为 0 V,频率范围为 $1 \sim 106$ Hz,振幅为 0.005 V,等待时间为 2 s。电化学腐蚀实验在恒温水浴中进行,水浴温度保持与水质影响实验过程中的取样温度一致。

(1) 金属腐蚀速率。

金属的阳极溶解是造成金属电化学腐蚀的主要原因。由法拉第定律可以知道金属作为阳极时,每溶解 1 mol/L 的 1 价金属,会通过 96 500 C 的电量,所以当电流为 I、通电时间为 t 时,会有 It 的电量通过,则金属阳极所溶解的金属量 Δm 为

$$\Delta m = \frac{MIt}{nF} \tag{5.1}$$

式中　M——金属的原子量;

　　　n——价数;

　　　F——法拉第常数,$F = 96\,500$ C/mol。

对于均匀腐蚀,金属的腐蚀速率 $v_{corr} = \dfrac{\Delta m}{St}$,其中,$S$ 为阳极面积,t 为电化学腐蚀时间。

在金属的电化学腐蚀中,金属的整个表面积可以看作阳极的面积,由此

可知：

$$v_{\mathrm{corr}} = \frac{\Delta m}{St} = \frac{M}{nF} i_{\mathrm{corr}} \qquad (5.2)$$

式中　i_{corr}——腐蚀电流密度，$i_{\mathrm{corr}} = I/S$。

由式（5.2）可知，金属的腐蚀速率与金属的腐蚀电流成正比，即可以利用金属腐蚀电流密度 i_{corr} 来表征金属的电化学腐蚀速率。

金属腐蚀电流密度可以根据腐蚀电化学原理得到，其腐蚀动力学方程式为

$$i_{\mathrm{A}} = i_{\mathrm{corr}} [\exp(2.3 \eta_{\mathrm{A}}/b_{\mathrm{A}}) - \exp(-2.3 \eta_{\mathrm{A}}/b_{\mathrm{C}})]$$
$$i_{\mathrm{C}} = i_{\mathrm{corr}} [\exp(2.3 \eta_{\mathrm{C}}/b_{\mathrm{C}}) - \exp(-2.3 \eta_{\mathrm{C}}/b_{\mathrm{A}})] \qquad (5.3)$$

式中　i_{A} 和 i_{C}——阳极极化电流和阴极极化电流；

　　　b_{A} 和 b_{C}——金属阳极极化曲线和阴极极化曲线的 Tafel（塔费尔）斜率；

　　　η_{A} 和 η_{C}——阳极过电势和阴极过电势。

（2）缓蚀效率。

缓蚀效率 η 可以定义为

$$\eta = \frac{v_{\mathrm{corr}}^0 - v_{\mathrm{corr}}}{v_{\mathrm{corr}}^0} \times 100\% \qquad (5.4)$$

式中　v_{corr}^0 和 v_{corr}——未处理时的腐蚀速率和处理后的腐蚀速率。

若用腐蚀电流密度来表示，则式（5.4）可以变为

$$\eta = \frac{i_{\mathrm{corr}}^0 - i_{\mathrm{corr}}}{i_{\mathrm{corr}}^0} \times 100\% \qquad (5.5)$$

式中　i_{corr}^0 和 i_{corr}——未处理时的腐蚀电流和处理后的腐蚀电流。

可见，缓蚀效率的测试方法也就是金属腐蚀速率的测试方法，因此可以采用 Tafel 曲线外推法来计算缓蚀效率。

5.2　旋转电磁效应对铜的电化学极化曲线的影响

利用课题组自行研制的旋转电磁效应水处理平台，设置旋转电磁场参数中的交变频率分别为 50 Hz、100 Hz、150 Hz 和 200 Hz，分别处理 3.5％NaCl 溶液 3 h、6 h、9 h、12 h 以及处理后静置 3 h、6 h、9 h、12 h 条件下的溶液水样作为腐蚀介质进行电化学腐蚀实验测试。电化学腐蚀实验测试在水浴中进行，实验时需调整水浴温度与旋转电磁处理溶液取样时的温度一致，同时还需测试所取水样的电导率、溶解氧含量和 pH 三个水质，与第 4 章中旋转电磁处理的水质实验数据结果进行对比，确保所取溶液水样的水质合理。对测试所获得的电化学极化曲线进行数据分析，可以得到 T2 紫铜和 H63 黄铜在旋转电磁处理阶段的 3.5％NaCl 溶液中的腐蚀电位、腐蚀电流密度和腐蚀速率。

图 5.1 和图 5.2 分别给出了 T2 紫铜在经不同旋转电磁处理的 3.5％NaCl

溶液中的极化曲线以及磁记忆极化曲线。从结果可以看出，T2 紫铜经不同旋转电磁处理的 3.5％NaCl 溶液中的极化曲线以及磁记忆极化曲线的位置发生变化，说明旋转电磁效应会影响 T2 紫铜在 3.5％NaCl 溶液中的腐蚀过程，包括腐蚀电位及腐蚀速率。

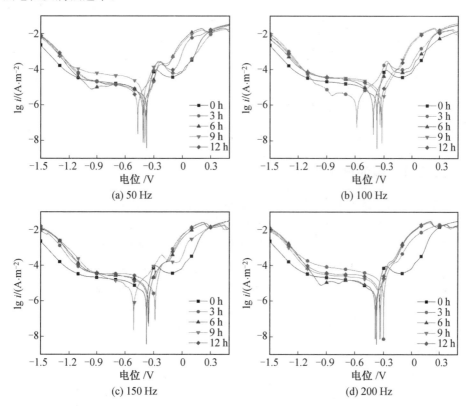

图 5.1　T2 紫铜在经不同旋转电磁处理的 3.5％NaCl 溶液中的极化曲线

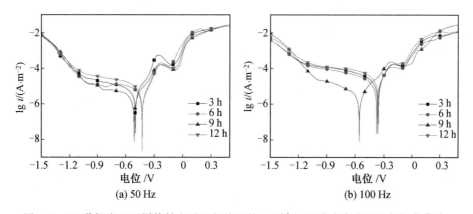

图 5.2　T2 紫铜在经不同旋转电磁记忆处理的 3.5％NaCl 溶液中的磁记忆极化曲线

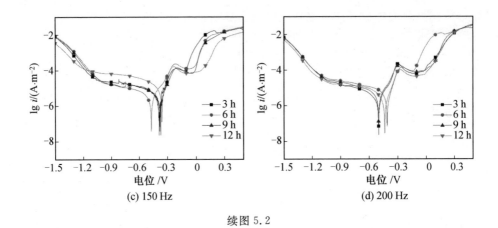

续图 5.2

5.2.1 铜的电化学腐蚀电位

根据电化学极化曲线获取的相应数据可以得到 T2 紫铜在经旋转电磁处理的 3.5％NaCl 溶液中的腐蚀电位,见表 5.1 和表 5.2。可以看出,旋转电磁效应对 T2 紫铜在 3.5％NaCl 溶液中的腐蚀电位有影响,与交变频率和处理时间密切相关。腐蚀电位从热力学角度代表了金属在介质中产生腐蚀行为的概率,腐蚀电位能够直接影响金属离子化的难易程度,较大的腐蚀电位能够抑制金属的离子化,进而使腐蚀行为的产生比较困难,因此从缓蚀的角度出发,追求较大的腐蚀电位。

在旋转电磁处理阶段,随着处理时间的增加,50 Hz 交变频率处理时,T2 紫铜的腐蚀电位呈减小趋势;100 Hz 交变频率处理时,腐蚀电位先减小后增大;150 Hz 和 200 Hz 交变频率处理时,腐蚀电位总体上呈增大趋势。随着交变频率的增大,处理 3 h 和 6 h 时,腐蚀电位总体上呈先减小后增大的趋势,处理 9 h 和 12 h 时,腐蚀电位总体上呈增大趋势。具有降低 T2 紫铜腐蚀倾向性的交变磁场效应参数有:100 Hz 交变频率处理 9 h 和 12 h,150 Hz 交变频率处理 3 h、6 h 和 12 h,200 Hz 交变频率处理 3 h、9 h 和 12 h。50 Hz 交变频率处理不具有减小紫铜腐蚀倾向性的作用。150 Hz 交变频率处理 3 h 是减小 T2 紫铜腐蚀倾向性的最佳参数,相对未处理时降低了 24.332％,而 100 Hz 交变频率处理 3 h 的腐蚀电位最小,增大紫铜腐蚀倾向性达到 55.615％。

表 5.1　T2 紫铜在旋转电磁处理阶段的 3.5％NaCl 溶液中的腐蚀电位　　　　V

时间	50 Hz	100 Hz	150 Hz	200 Hz
0 h	−0.374	−0.374	−0.374	−0.374
3 h	−0.392	−0.582	−0.283	−0.3
6 h	−0.409	−0.41	−0.35	−0.388
9 h	−0.409	−0.321	−0.508	−0.333
12 h	−0.466	−0.343	−0.354	−0.343

表 5.2　T2 紫铜在旋转电磁记忆处理阶段的 3.5％NaCl 溶液中的腐蚀电位　　　　V

时间	50 Hz	100 Hz	150 Hz	200 Hz
3 h	−0.497	−0.364	−0.368	−0.499
6 h	−0.425	−0.376	−0.472	−0.409
9 h	−0.51	−0.557	−0.386	−0.498
12 h	−0.425	−0.356	−0.357	−0.435

在旋转电磁记忆处理阶段,随着处理时间的增加,T2 紫铜的腐蚀电位波动较大,其中,50 Hz 和 200 Hz 交变频率处理 12 h 后旋转电磁记忆过程中,腐蚀电位均小于未处理时。具有降低 T2 紫铜腐蚀倾向性的交变频率参数有:100 Hz 和 150 Hz 交变频率处理 12 h 后旋转电磁记忆 3 h 和 12 h。100 Hz 交变频率处理 12 h 后旋转电磁记忆 12 h 是减小紫铜腐蚀倾向性的最佳参数,相对未处理时降低了 4.813％,而 100 Hz 交变频率处理 12 h 后旋转电磁记忆 9 h 的腐蚀电位最小,增大紫铜腐蚀倾向性达到 48.930％。

5.2.2　铜的电化学腐蚀速率

在实际应用中,研究人员不但关心设备和材料的腐蚀倾向,更关注腐蚀过程进行的速率,这是由于在热力学的研究方法中并没有考虑时间因素和过程的细节问题。所以,通常情况下腐蚀倾向与腐蚀速率并非正相关,因此,为了更加全面深入地了解金属的腐蚀过程,还要从腐蚀动力学的角度即腐蚀速率对其进行探讨。由式(5.2)可知,金属的腐蚀速率与金属的腐蚀电流成正比。对电化学腐蚀实验测试得到的极化曲线,利用 Tafel 直线外推法可以求得 T2 紫铜在经旋转电磁处理的 3.5％NaCl 溶液中的腐蚀电流,见表 5.3 和表 5.4。可以看出,旋转电磁效应对 T2 紫铜在 3.5％NaCl 溶液中的腐蚀电流影响较大,与交变频率和处理时间密切相关。在旋转电磁处理阶段,除了 200 Hz 交变频率处理 3 h 时的腐蚀速率增大,T2 紫铜在旋转电磁处理阶段 3.5％NaCl 溶液中的腐蚀速率均减小。随着交变频率的增大,处理 3 h 时对 T2 紫铜腐蚀速率的影响明显增大。随着处理时间的增加,不同交变频率对 T2 紫铜腐蚀速率的影响趋于稳定。50 Hz 交变频率处理 3 h、100 Hz 交变频率处理 6 h、150 Hz 交变频率处理 9 h、200 Hz 交变频率处理 9 h,是不同交变频率处理时的最佳处理时间,其中,50 Hz 交变频率处理 3 h 时,T2 紫铜的腐蚀速率最小,其值为 1.510 μA,相比未处理时降低了 84%。

表 5.3　T2 紫铜在旋转电磁处理阶段的 3.5%NaCl 溶液中的腐蚀电流　　　　　　μA

时间	50 Hz	100 Hz	150 Hz	200 Hz
0 h	9.208	9.208	9.208	9.208
3 h	1.51	3.962	9.075	20
6 h	2.024	2.869	7.582	2.455
9 h	8.619	3.122	4.424	2.321
12 h	5.463	5.914	6.776	7.312

表 5.4　T2 紫铜在旋转电磁记忆处理阶段的 3.5%NaCl 溶液中的腐蚀电流　　　　　　μA

时间	50 Hz	100 Hz	150 Hz	200 Hz
3 h	5.479	12.01	1.952	2.871
6 h	2.688	9.564	3.882	2.49
9 h	2.433	3.291	2.693	4.523
12 h	3.341	17.92	17.92	1.514

　　在旋转电磁记忆处理阶段,T2 紫铜在旋转电磁处理后旋转电磁记忆过程中的腐蚀速率基本均小于未处理时的腐蚀速率,100 Hz 交变频率处理 12 h 后旋转电磁记忆 3 h、6 h、12 h 和 150 Hz 交变频率处理 12 h 后旋转电磁记忆 12 h 的腐蚀速率大于未处理时。50 Hz 交变频率处理 12 h 后旋转电磁记忆 9 h、100 Hz 交变频率处理 12 h 后旋转电磁记忆 9 h、150 Hz 交变频率处理 12 h 后旋转电磁记忆 3 h、200 Hz 交变频率处理 12 h 后旋转电磁记忆 12 h,是减小 T2 紫铜腐蚀速率时不同交变频率处理后的最佳旋转电磁记忆时间,其中,200 Hz 交变频率处理 12 h 后旋转电磁记忆 12 h 时,T2 紫铜的腐蚀速率最小。

5.2.3　铜的电化学缓蚀效率

　　根据 5.1 节所述的缓蚀效率公式,可以计算得到 T2 紫铜在经旋转电磁处理的 3.5%NaCl 溶液中的缓蚀效率,见表 5.5 和表 5.6。可以看出,旋转电磁处理具有缓蚀效果,不同的频率以及处理时间下,缓蚀效率是不同的。

在旋转电磁处理阶段,除了 200 Hz 交变频率处理 3 h 时,不同频率交变磁场效应处理对 T2 紫铜都具有缓蚀效果。50 Hz 交变频率处理 3 h、100 Hz 交变频率处理 6 h、150 Hz 交变频率处理 9 h、200 Hz 交变频率处理 9 h,是不同交变频率处理时对应的最佳处理时间,其中,50 Hz 交变频率处理 3 h 对 T2 紫铜的缓蚀效率最大,达到 83.60%。

表 5.5　T2 紫铜在旋转电磁处理阶段的 3.5%NaCl 溶液中的缓蚀效率　　　　%

时间	50 Hz	100 Hz	150 Hz	200 Hz
3 h	83.6	56.97	1.44	——
6 h	78.02	68.84	17.66	73.34
9 h	6.4	66.1	51.96	74.79
12h	40.67	35.77	26.41	20.59

表 5.6　T2 紫铜在旋转电磁记忆处理阶段的 3.5%NaCl 溶液中的缓蚀效率　　　　%

时间	50 Hz	100 Hz	150 Hz	200 Hz
3 h	40.5	——	78.8	68.82
6 h	70.81	——	57.84	72.96
9 h	73.58	64.26	70.75	50.88

在旋转电磁记忆处理阶段,100 Hz 交变频率处理 12 h 后旋转电磁记忆 3 h、6 h、12 h 和 150 Hz 交变频率处理 12 h 后旋转电磁记忆 12 h 时不具有缓蚀效果。50 Hz 交变频率处理 12 h 后旋转电磁记忆 9 h、100 Hz 交变频率处理 12 h 后旋转电磁记忆 9 h、150 Hz 交变频率处理 12 h 后旋转电磁记忆 3 h、200 Hz 交变频率处理 12 h 后旋转电磁记忆 12 h,是不同交变频率处理的最佳旋转电磁记忆时间,其中,200 Hz 交变频率处理 12 h 后旋转电磁记忆 12 h 对紫铜的缓蚀效率为 83.56%。

5.3　旋转电磁效应对铜合金的电化学极化曲线的影响

图 5.3 和图 5.4 分别给出了 H63 黄铜在经不同旋转电磁处理的 3.5%NaCl 溶液中的极化曲线以及磁记忆极化曲线。从结果可以看出,H63 黄铜在旋转电磁处理后的 3.5%NaCl 溶液中的极化曲线的位置发生变化,从得到的曲线初步判断旋转电磁效应会影响 H63 黄铜在 3.5%NaCl 溶液中的腐蚀电位以及腐蚀速率,说明旋转电磁效应会使 H63 黄铜在 3.5%NaCl 溶液中的腐蚀过程发生

改变。

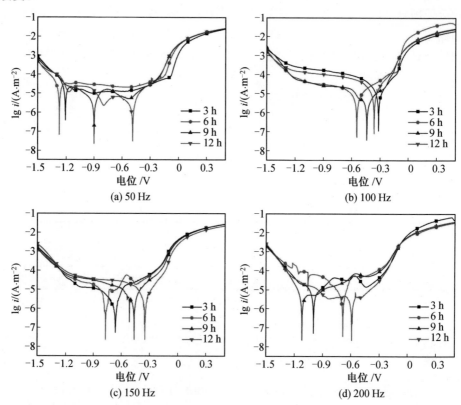

图 5.3　H63 黄铜在经不同旋转电磁处理的 3.5%NaCl 溶液中的极化曲线

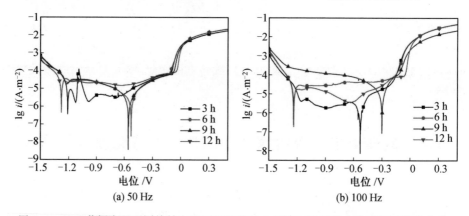

图 5.4　H63 黄铜在经不同旋转电磁记忆处理的 3.5%NaCl 溶液中的磁记忆极化曲线

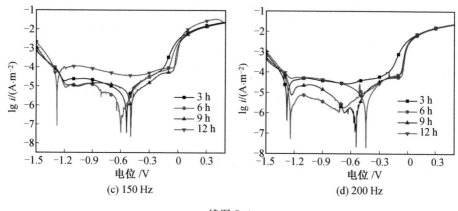

续图 5.4

5.3.1　铜合金的电化学腐蚀电位

通过对极化曲线进行分析可以得到 H63 黄铜在经旋转电磁处理的 3.5％ NaCl 溶液中的腐蚀电位,结果见表 5.7 和表 5.8。可以看出,旋转电磁效应对 H63 黄铜在 3.5％NaCl 溶液中的腐蚀电位有影响,且与交变频率和处理时间密切相关。

表 5.7　H63 黄铜在旋转电磁处理阶段的 3.5％NaCl 溶液中的腐蚀电位　　V

时间	50 Hz	100 Hz	150 Hz	200 Hz
0 h	−0.41	−0.41	−0.41	−0.41
3 h	−1.209	−0.317	−0.665	−0.999
6 h	−1.273	−0.547	−0.77	−0.688
9 h	−0.901	−0.442	−0.461	−1.121
12 h	−0.486	−0.364	−0.347	−0.593

表 5.8　H63 黄铜在旋转电磁记忆处理阶段的 3.5％NaCl 溶液中的腐蚀电位　　V

时间	50 Hz	100 Hz	150 Hz	200 Hz
3 h	−1.212	−0.533	−0.537	−1.278
6 h	−0.526	−1.239	−0.598	−1.24
9 h	−0.557	−0.303	−0.494	−0.545
12 h	−1.279	−1.242	−1.278	−0.444

在旋转电磁处理阶段,随着旋转电磁处理时间的增加,50 Hz 和 150 Hz 交变频率处理时,腐蚀电位均先降低后升高,100 Hz 交变频率处理时,腐蚀电位先升

高后降低,然后再升高,对于交变频率为 200 Hz 旋转电磁处理,随着旋转电磁处理时间的增加,腐蚀电位一直发生上下振荡;从实验数据可以看出具有降低 H63 黄铜腐蚀倾向性的交变磁场效应的最佳参数是 100 Hz 处理 3 h,此时腐蚀电位相对未处理时降低了 22.68%。

在旋转电磁记忆处理阶段,随着处理时间的增加,H63 黄铜的腐蚀电位波动较大,且从数据可以看出,除了 100 Hz 处理 12 h 后记忆 9 h 时具有降低 H63 黄铜腐蚀倾向外,剩下的处理参数均没有降低腐蚀倾向的作用。

5.3.2　铜合金的电化学腐蚀速率

H63 黄铜在经旋转电磁处理的 3.5%NaCl 溶液中的腐蚀电流见表 5.9 和表 5.10。可以看出,旋转电磁效应对 H63 黄铜在 3.5%NaCl 溶液中腐蚀电流的影响较大,且与处理时间密切相关。

表 5.9　H63 黄铜在旋转电磁处理阶段的 3.5%NaCl 溶液中的腐蚀电流　　　μA

时间	50 Hz	100 Hz	150 Hz	200 Hz
0 h	30.53	30.53	30.53	30.53
3 h	55.09	12.65	2.187	13.42
6 h	62.44	8.461	8.677	6.63
9 h	9.225	5.566	3.846	8.432
12 h	4.348	13.08	3.776	25.99

表 5.10　H63 黄铜在旋转电磁记忆处理阶段的 3.5%NaCl 溶液中的腐蚀电流　　　μA

时间	50 Hz	100 Hz	150 Hz	200 Hz
3 h	9.32	3.533	3.985	54.26
6 h	4.941	59.64	0.972	8.113
9 h	3.234	14.15	8.241	3.095
12 h	75.21	59.36	68.25	5.781

在旋转电磁处理阶段,除了 50 Hz 交变频率处理 3 h 和 6 h 时腐蚀速率增大外,H63 黄铜在旋转电磁处理 3.5%NaCl 溶液中的腐蚀速率均降低。50 Hz 交变频率处理 12 h、100 Hz 交变频率处理 9 h、150 Hz 交变频率处理 3 h、200 Hz 交变频率处理 6 h,是不同交变频率处理时的最佳处理时间,其中,150 Hz 交变频率处理 3 h 时,H63 黄铜的腐蚀电流最小。

在旋转电磁记忆处理阶段,H63 黄铜在旋转电磁处理后旋转电磁记忆过程中,腐蚀速率基本均小于未处理时的腐蚀速率。50 Hz 交变频率处理 12 h 后旋转电磁记忆 9 h、100 Hz 交变频率处理 12 h 后旋转电磁记忆 3 h、150 Hz 交变频率处理 12 h 后旋转电磁记忆 6 h、200 Hz 交变频率处理 12 h 后旋转电磁记忆 9 h,是减小 H63 黄铜腐蚀速率时,不同交变频率处理后的最佳旋转电磁记忆时间,其中,150 Hz 交变频率处理 12 h 后旋转电磁记忆 6 h 时,H63 黄铜的腐蚀速率最小,此时相比未处理时降低了 96.8％。

5.3.3　铜合金的电化学缓蚀效率

旋转电磁处理阶段和记忆处理阶段 H63 黄铜在 3.5％NaCl 溶液中的缓蚀效率见表 5.11 和表 5.12。从表中的数据可以看出,旋转电磁效应对 H63 黄铜在 3.5％NaCl 溶液中的腐蚀具有缓蚀效果,且在不同的处理频率以及处理时间下缓蚀效果是不同的。

在旋转电磁处理阶段,除 50 Hz 交变磁场处理 3 h 和 6 h 外,其他交变磁场以及处理时间均具有一定的缓蚀效果。50 Hz 交变频率处理 12 h、100 Hz 交变频率处理 9 h、150 Hz 交变频率处理 3 h、200 Hz 交变频率处理 6 h,是不同交变频率处理时对应的最佳处理时间,其中,150 Hz 交变频率处理 3 h 时黄铜的缓蚀效率最大,达到 92.84％。

表 5.11　H63 黄铜在旋转电磁处理阶段的 3.5％NaCl 溶液中的缓蚀效率　　　　　%

时间	50 Hz	100 Hz	150 Hz	200 Hz
3 h	—	58.56％	92.84％	56.04％
6 h	—	72.29％	71.58％	78.28％
9 h	69.78％	81.77％	87.40％	72.38％
12 h	85.76％	57.16％	87.63％	14.87％

表 5.12　H63 黄铜在旋转电磁记忆处理阶段的 3.5％NaCl 溶液中的缓蚀效率　　　　　%

时间	50 Hz	100 Hz	150 Hz	200 Hz
3 h	83.82	88.43％	86.95％	—
6 h	83.82％	—	96.82％	73.43％
9 h	89.41％	53.65％	73％	89.86％
12 h	—	—	—	81.06％

在旋转电磁记忆处理阶段,50 Hz 交变频率处理 12 h 后旋转电磁记忆 12 h、100 Hz 交变频率处理 12 h 后旋转电磁记忆 6 h 和 12 h、150 Hz 交变频率处理 12 h后旋转电磁记忆 12 h 以及 200 Hz 交变频率处理 12 h 后旋转电磁记忆 3 h时不具有缓蚀效果。50 Hz 交变频率处理 12 h 后旋转电磁记忆 9 h、100 Hz 交

变频率处理 12 h 后旋转电磁记忆 3 h、150 Hz 交变频率处理 12 h 后旋转电磁记忆 6 h、200 Hz 交变频率处理 12 h 后旋转电磁记忆 9 h,是不同交变频率处理的最佳旋转电磁记忆时间,其中,150 Hz 交变频率处理 12 h 后旋转电磁记忆 6 h 时黄铜的缓蚀效率为 96.82%。可以看出旋转电磁效应的缓蚀效果具有记忆性,即 H63 黄铜在一定时间内的旋转电磁处理后的 3.5%NaCl 溶液中,腐蚀速率仍比未处理时的要小。

　　目前针对铜及其合金在海水中的防腐蚀以添加缓蚀剂这种方法为主,根据国家海洋局发布的《铜及铜合金海水缓蚀剂技术要求》中针对黄铜在海水中的缓蚀剂技术指标可知,工程中使用的缓蚀剂缓蚀效率要高于 80%,从实验得到的数据可以看出旋转电磁效应对 H63 黄铜在 3.5%NaCl 溶液中的缓释效果可以达到缓蚀剂的要求。旋转电磁效应不仅能够降低 H63 黄铜在 3.5%NaCl 溶液中的腐蚀速率,而且其缓蚀效率达到甚至超过缓蚀剂所能达到的标准,这为降低金属在海水中的腐蚀速率提供了一种物理方法,既可以达到缓蚀要求,又不会对海水环境造成潜在不良影响。

5.4　旋转电磁效应对铜的电化学阻抗谱的影响

5.4.1　铜的 Nyquist(奈奎斯特)图

　　图 5.5 是 T2 紫铜在旋转电磁处理阶段的 3.5%NaCl 溶液中进行电化学腐蚀实验得到的 Nyquist 图。由图可见,T2 紫铜的 Nyquist 图是由两个近似半圆组成,两个半圆的阻抗虚部最大值和阻抗实部区宽度差异较大,100 Hz 交变频率处理 6 h、200 Hz 交变频率处理 3 h 时,第一个半圆阻抗虚部最大值和阻抗实部区宽度大于第二个半圆,但两圆的差值均小于未处理时。

　　图 5.6 是 T2 紫铜在旋转电磁记忆处理阶段的 3.5%NaCl 溶液中进行电化学腐蚀实验得到的 Nyquist 图。由图可见,旋转电磁记忆处理对紫铜的 Nyquist 图两个半圆的阻抗虚部最大值和阻抗实部区宽度影响较大,均大于交变频率处理时。100 Hz 交变频率处理 12 h 后旋转电磁记忆时,两个半圆阻抗虚部最大值和阻抗实部区宽度相差不大,其他则与热效应的影响规律一致。

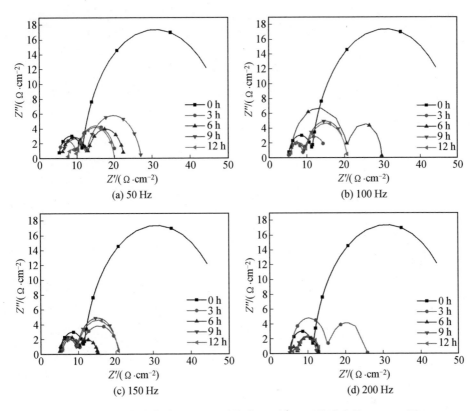

图 5.5　T2 紫铜在旋转电磁处理阶段的 3.5％NaCl 溶液中的 Nyquist 图

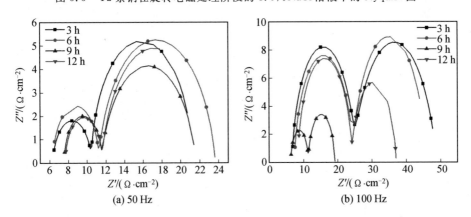

图 5.6　T2 紫铜在旋转电磁记忆处理阶段的 3.5％NaCl 溶液中的 Nyquist 图

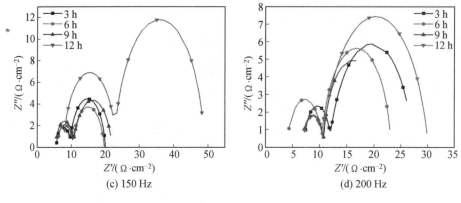

(c) 150 Hz　　　　　　　　　　(d) 200 Hz

续图 5.6

5.4.2　铜的 Bode(伯德)图

　　图 5.7 是 T2 紫铜在旋转电磁处理阶段的 3.5％NaCl 溶液中电化学阻抗 Bode 图中相位角和频率关系曲线。由图可见，T2 紫铜在不同温度 3.5％NaCl 溶液中的阻抗谱有两个时间常数，分别处于低频区和高频区，低频区时间常数相位角峰值和高频区时间常数相位角峰值与热效应的影响差异较大，旋转电磁场的影响表现在减小了低频区时间常数相位角峰值，增大了高频区时间常数相位角峰值。

　　图 5.8 是 T2 紫铜在旋转电磁记忆处理阶段的 3.5％NaCl 溶液中电化学阻抗 Bode 图中相位角和频率关系曲线。由图可见，低频区时间常数相位角峰值和高频区时间常数相位角峰值依然保持了旋转电磁处理时的变化规律。

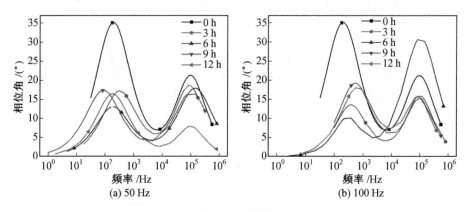

(a) 50 Hz　　　　　　　　　　(b) 100 Hz

图 5.7　T2 紫铜在旋转电磁处理阶段的 3.5％NaCl 溶液中的相位角和频率关系曲线

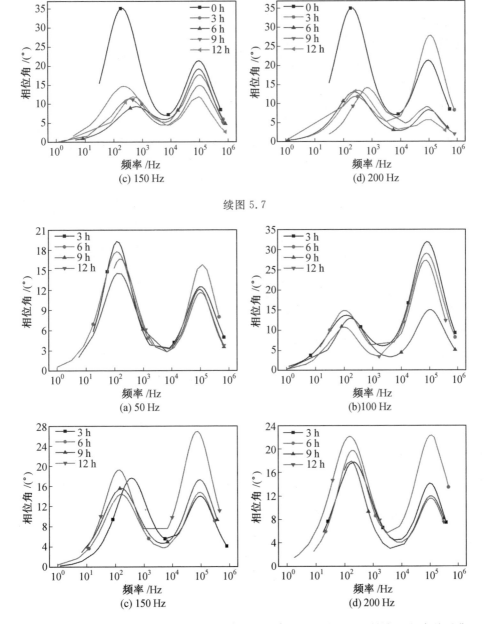

续图 5.7

图 5.8　T2 紫铜在旋转电磁记忆处理阶段的 3.5% NaCl 溶液中的相位角和频率关系曲线

　　图 5.9 和图 5.10 是 T2 紫铜在旋转电磁处理及记忆处理阶段的 3.5% NaCl 溶液中电化学阻抗 Bode 图中阻抗值和频率关系曲线。T2 紫铜在不同频率旋转

电磁处理 3.5％NaCl 溶液中的阻抗值和频率之间的关系曲线主要由五个部分组成,分别是溶液电阻、极化电阻、氧化物电阻三个阻抗和双电层电容、氧化物电容两个容抗。对比未处理时的曲线,旋转电磁处理的效果主要是减小了氧化物电阻和氧化物电容,而溶液电阻、极化电阻、双电层电容相差较小。

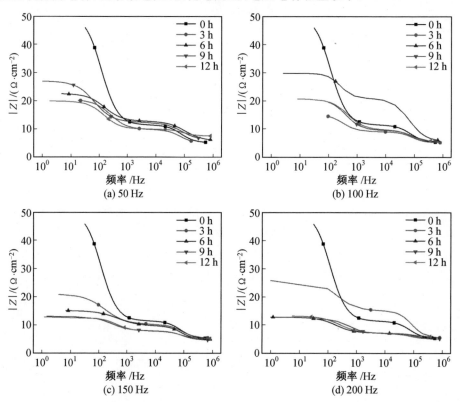

图 5.9　T2 紫铜在旋转电磁处理阶段的 3.5％NaCl 溶液中的阻抗值和频率关系曲线

5.4.3　铜的等效电路

利用 ZSimpWin 软件对紫铜在旋转电磁处理 3.5％NaCl 溶液中的阻抗谱数据进行拟合,可以得到其阻抗谱的拟合等效电路图,如图 5.11 所示。由图可见,紫铜在旋转电磁处理 3.5％NaCl 溶液中的阻抗谱等效电路图与热效应时相同,由电阻 R_s、常相位角元件 Q_{dl} 和电阻 R_{po} 并联、常相位角元件 Q_{ox} 和电阻 R_{ox} 并联共三个单元的串联组成的,常相位角元件 Q_{dl} 是以双电层电容为主的,常相位角元件 Q_{ox} 是以氧化物电容为主的。

旋转电磁处理和旋转电磁记忆处理两个阶段的阻抗谱等效电路图各元件参数见表 5.13~5.20。可以看出,各元件的参数与热效应差异较大,在旋转电磁处

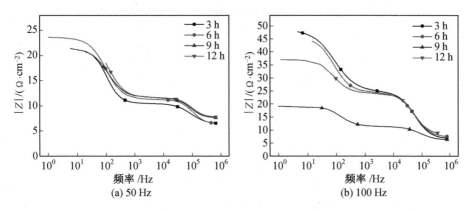

图 5.10　T2 紫铜在旋转电磁记忆处理阶段的 3.5％NaCl 溶液中的阻抗值和频率关系曲线

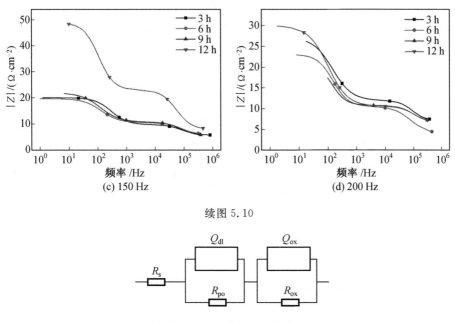

续图 5.10

图 5.11　阻抗谱的拟合等效电路图

理和旋转电磁记忆处理两个阶段，溶液电阻 R_s 均呈增大趋势，这主要是旋转电磁效应对溶液水质的影响引起的。极化电阻小于未处理时的，氧化物电阻与未处理时的相差不大。

表 5.13 紫铜在 50 Hz 旋转电磁处理时的等效电路图各元件参数

参数	0 h	3 h	6 h	9 h	12 h
R_s/Ω	5.106	4.955	5.822	6.024	7.546
$Q_{dl}/(\mu F \cdot cm^{-2})$	74.9	174	307.4	489	277
R_{po}/Ω	39.1	10.72	9.842	14.82	10.06
$Q_{ox}/(\mu F \cdot cm^{-2})$	0.682	0.729	1.5	1.55	0.768
R_{ox}/Ω	6.27	4.789	6.936	6.294	2.358

表 5.14 铜在 50 Hz 旋转电磁记忆处理时的等效电路图各元件参数

参数	3 h	6 h	9 h	12 h
R_s/Ω	6.304	6.346	7.541	7.657
$Q_{dl}/(\mu F \cdot cm^{-2})$	1.5	0.361	0.494	0.534
R_{po}/Ω	4.148	4.844	3.97	3.909
$Q_{ox}/(\mu F \cdot cm^{-2})$	192	307	353	230
R_{ox}/Ω	10.79	12.46	10.09	11.32

表 5.15 紫铜在 100 Hz 旋转电磁处理时的等效电路图各元件参数

参数	0 h	3 h	6 h	9 h	12 h
R_s/Ω	5.106	5.128	5.551	5.556	5.641
$Q_{dl}/(\mu F \cdot cm^{-2})$	74.9	147.8	0.625	0.528	0.608
R_{po}/Ω	39.1	6.257	15.35	3.867	3.951
$Q_{ox}/(\mu F \cdot cm^{-2})$	0.682	0.544	75.4	82.5	89.9
R_{ox}/Ω	6.27	3.857	8.88	11.27	11.13

表 5.16 铜在 100 Hz 旋转电磁记忆处理时的等效电路图各元件参数

参数	3 h	6 h	9 h	12 h
R_s/Ω	6.666	7.31	6.214	8.327
$Q_{dl}/(\mu F \cdot cm^{-2})$	342	0.593	1.17	0.401
R_{po}/Ω	24.28	17.04	5.122	15.74
$Q_{ox}/(\mu F \cdot cm^{-2})$	0.478	214.5	298	277
R_{ox}/Ω	17.89	21.48	7.858	13

表 5.17　紫铜在 150 Hz 旋转电磁处理时的等效电路图各元件参数

参数	0 h	3 h	6 h	9 h	12 h
R_s/Ω	5.106	5.326	4.927	4.597	5.16
$Q_{dl}/(\mu F \cdot cm^{-2})$	74.9	45.5	411	373	215
R_{po}/Ω	39.1	10.95	5.63	5.176	5.043
$Q_{ox}/(\mu F \cdot cm^{-2})$	0.682	0.646	0.48	0.887	0.836
R_{ox}/Ω	6.27	4.784	4.621	3.287	2.587

表 5.18　铜在 150 Hz 旋转电磁记忆处理时的等效电路图各元件参数

参数	3 h	6 h	9 h	12 h
R_s/Ω	5.664	5.949	5.463	7.794
$Q_{dl}/(\mu F \cdot cm^{-2})$	1.17	0.974	0.989	102
R_{po}/Ω	3.981	4.478	5.147	26.03
$Q_{ox}/(\mu F \cdot cm^{-2})$	131	389	427	0.558
R_{ox}/Ω	10.47	9.346	11.49	15.17

表 5.19　紫铜在 200 Hz 旋转电磁处理时的等效电路图各元件参数

参数	0 h	3 h	6 h	9 h	12 h
R_s/Ω	5.106	5.501	5.398	5.142	5.899
$Q_{dl}/(\mu F \cdot cm^{-2})$	74.9	266	482	1.14	1.34
R_{po}/Ω	39.1	10.89	5.692	1.82	1.235
$Q_{ox}/(\mu F \cdot cm^{-2})$	0.682	0.241	0.969	124	403
R_{ox}/Ω	6.27	9.516	1.771	5.373	6.178

表 5.20　紫铜在 200 Hz 旋转电磁记忆处理时的等效电路图各元件参数

参数	3 h	6 h	9 h	12 h
R_s/Ω	7.229	3.999	6.829	6.973
$Q_{dl}/(\mu F \cdot cm^{-2})$	0.491	1.79	0.948	0.654
R_{po}/Ω	4.639	6.503	3.938	3.518
$Q_{ox}/(\mu F \cdot cm^{-2})$	270	172	189	300.9
R_{ox}/Ω	15.5	12.66	10.74	19.66

5.5　旋转电磁效应对铜合金的电化学阻抗谱的影响

5.5.1　铜合金的 Nyquist 图

图 5.12 和图 5.13 为 H63 黄铜在旋转电磁处理阶段以及记忆处理阶段的 3.5％NaCl 溶液中的 Nyquist 图。从图中可以看出,H63 黄铜在未处理和处理的 3.5％NaCl 溶液中的 Nyquist 图都是由两个容抗弧组成,且处理频率以及处理时间都会对容抗弧的大小有影响。除 50 Hz 旋转电磁处理外,其余的阻抗谱中,未处理的容抗弧均大于处理后的容抗弧且旋转电磁对高频区的容抗弧的影响较小。同时可以看出所有的高频区容抗弧均发生了零点偏移,说明 H63 黄铜在 3.5％NaCl溶液中的腐蚀过程存在溶液电阻。

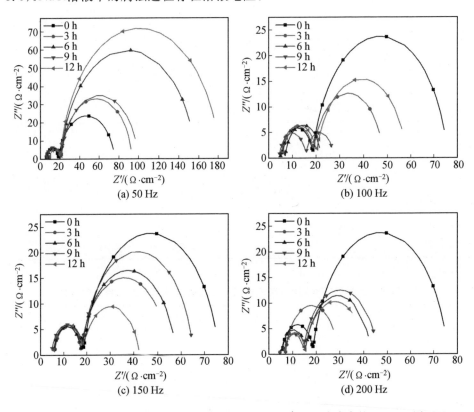

图 5.12　H63 黄铜在旋转电磁处理阶段的 3.5％NaCl 溶液中的 Nyqusit 图

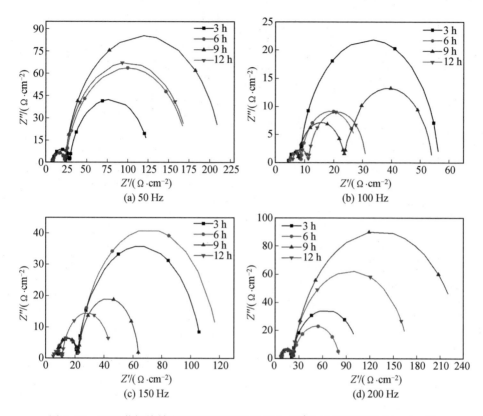

图 5.13　H63 黄铜旋转电磁记忆处理阶段的 3.5％NaCl 溶液中的 Nyquist 图

5.5.2　铜合金的 Bode 图

图 5.14 和图 5.15 给出了 H63 黄铜在旋转电磁处理阶段以及记忆处理阶段的 3.5％NaCl 溶液中电化学阻抗 Bode 图的相位角和频率关系曲线。

从图 5.14 可以看出,旋转电磁处理阶段,H63 的电化学阻抗谱有两个时间常数,分别处于低频区和高频区,且旋转电磁处理能够改变相位角峰值大小。尤其是以 100 Hz 和 200 Hz 旋转电磁处理时,相位角峰值的大小变化较大。

从图 5.15 可以看出,旋转电磁记忆处理阶段,H63 黄铜电化学阻抗谱也是有两个时间常数,分别位于低频区和高频区,相位角峰值的大小也发生变化,且以 100 Hz 旋转电磁处理后记忆处理阶段的变化最大。

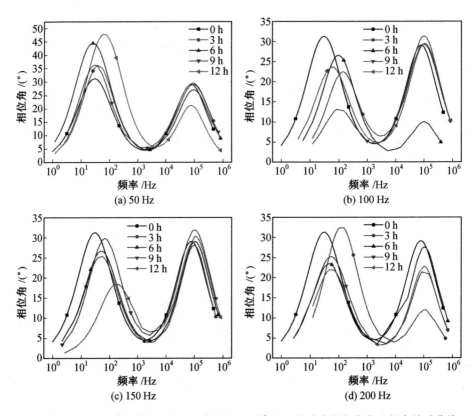

图 5.14　H63 黄铜在旋转电磁处理阶段的 3.5％NaCl 溶液中的相位角和频率关系曲线

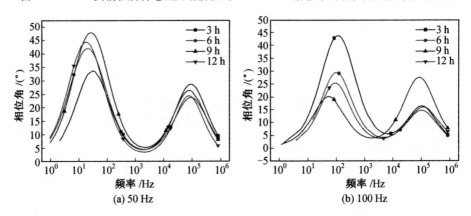

图 5.15　H63 黄铜在旋转电磁记忆处理阶段的 3.5％NaCl 溶液中的相位角和频率关系
曲线

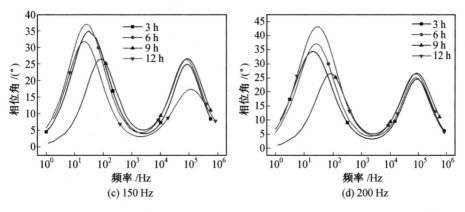

(c) 150 Hz

(d) 200 Hz

续图 5.15

图 5.16 和图 5.17 分别为 H63 黄铜在旋转电磁处理以及记忆处理阶段的 3.5%NaCl 溶液中电化学阻抗谱 Bode 图阻抗值和频率关系曲线。从图 5.16 和图 5.17 中可以看出,H63 黄铜的电化学阻抗谱是由溶液电阻、界面电容、界面阻抗、双电层电容以及电荷转移电阻这几个部分组成,且在高频区旋转电磁效应以及其记忆效应对阻抗值的影响不大,而在低频区影响较大。

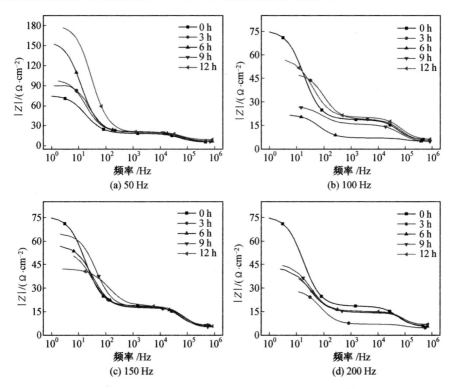

(a) 50 Hz

(b) 100 Hz

(c) 150 Hz

(d) 200 Hz

图 5.16　H63 黄铜在旋转电磁处理阶段的 3.5%NaCl 溶液中的阻抗值和频率关系曲线

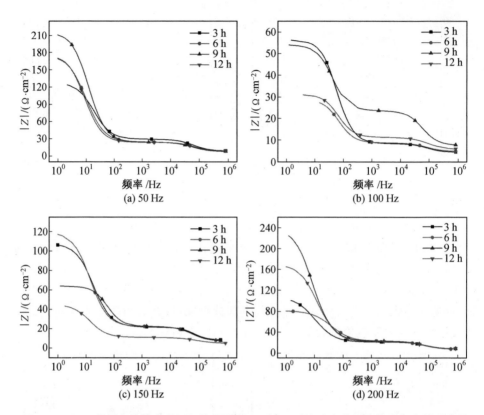

图 5.17　H63 黄铜在旋转电磁记忆处理阶段 3.5％NaCl 溶液中的阻抗值和频率关系曲线

5.5.3　铜合金的等效电路

在 5.5.1 节和 5.5.2 节得到了 H63 黄铜在 3.5％NaCl 溶液中的阻抗谱,通过对得到的电化学阻抗谱进行拟合,可以得到整个电化学系统的等效电路图,结果如图 5.18 所示。

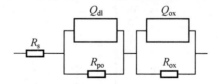

图 5.18　电化学阻抗谱拟合等效电路图

从图 5.18 所示的拟合结果中可以看出,H63 黄铜在旋转电磁处理 3.5％NaCl 溶液中的电化学阻抗谱等效电路图是由电阻 R_s、常相位角元件 Q_{dl} 和电阻 R_{po} 并联、常相位角元件 Q_{ox} 和电阻 R_{ox} 并联共三个单元的串联组成的。其中,Q_{dl} 是以双电层电容为主的常相位角元件,Q_{ox} 是以膜层电容为主的常相位角元件，R_{po} 是电荷转移电阻，R_{ox} 是膜层电阻，即界面阻抗。不同频率以及时间处理时，等效电路图中各元件参数的数值大小变化见表 5.21～5.28。

表 5.21　H63 黄铜在 50 Hz 旋转电磁处理时的等效电路图各元件参数

参数	0 h	3 h	6 h	9 h	12 h
R_s/Ω	5.617	5.542	6.592	6.076	9.319
$Q_{dl}/(\mu F \cdot cm^{-2})$	0.769	1.195	0.766	0.847	0.376 9
R_{po}/Ω	12.95	15.36	14.14	15.3	10.96
$Q_{ox}/(\mu F \cdot cm^{-2})$	349	155.8	187	205.4	69.32
R_{ox}/Ω	57.43	72.29	136.2	78.06	161

表 5.22　H63 黄铜在 100 Hz 旋转电磁处理时的等效电路图各元件参数

参数	0 h	3 h	6 h	9 h	12 h
R_s/Ω	5.617	5.415	4.907	4.408	5.84
$Q_{dl}/(\mu F \cdot cm^{-2})$	0.769	0.634	396	1.11	0.635
R_{po}/Ω	12.95	13.74	15.18	11.29	14.28
$Q_{ox}/(\mu F \cdot cm^{-2})$	349	125	0.928	376	279
R_{ox}/Ω	57.43	29.42	2.048	11.73	38.32

表 5.23　H63 黄铜在 150 Hz 旋转电磁处理时的等效电路图各元件参数

参数	0 h	3 h	6 h	9 h	12 h
R_s/Ω	5.617	6.132	5.544	4.732	5.439
$Q_{dl}/(\mu F \cdot cm^{-2})$	0.769	337	0.450	172	0.477
R_{po}/Ω	12.95	37.37	11.93	47.12	12.9
$Q_{ox}/(\mu F \cdot cm^{-2})$	349	0.290	295	0.663	169
R_{ox}/Ω	57.43	11.17	40.38	13.25	24.05

表 5.24　H63 黄铜在 200 Hz 旋转电磁处理时的等效电路图各元件参数

参数	0 h	3 h	6 h	9 h	12 h
R_s/Ω	5.617	4.608	5.492	6.631	6.73
$Q_{dl}/(\mu F \cdot cm^{-2})$	0.769	1.10	0.339	0.287	0.284
R_{po}/Ω	12.95	2.488	9.86	7.819	8.434
$Q_{ox}/(\mu F \cdot cm^{-2})$	349	226	433	401	422
R_{ox}/Ω	57.43	22.16	27.78	31.48	25.53

表 5.25   H63 黄铜在 50 Hz 旋转电磁记忆处理时的等效电路图各元件参数

参数	3 h	6 h	9 h	12 h
R_s/Ω	8.592	8.366	7.705	9.166
$Q_{dl}/(\mu F \cdot cm^{-2})$	180.1	1.07	134.8	0.403
R_{po}/Ω	99.27	15.79	192.2	14.41
$Q_{ox}/(\mu F \cdot cm^{-2})$	0.544	234.1	0.837	228.6
R_{ox}/Ω	20.6	152.3	16.21	153.2

表 5.26   H63 黄铜在 100 Hz 旋转电磁记忆处理时的等效电路图各元件参数

参数	3 h	6 h	9 h	12 h
R_s/Ω	4.435	4.795	7.609	5.712
$Q_{dl}/(\mu F \cdot cm^{-2})$	114	2.04	251	217
R_{po}/Ω	48.08	3.977	30.54	19.89
$Q_{ox}/(\mu F \cdot cm^{-2})$	1.38	215	0.592	1.85
R_{ox}/Ω	3.975	20.17	16.05	5.64

表 5.27   H63 黄铜在 150 Hz 旋转电磁记忆处理时的等效电路图各元件参数

参数	3 h	6 h	9 h	12 h
R_s/Ω	8.401	7.561	7.242	4.893
$Q_{dl}/(\mu F \cdot cm^{-2})$	238	256	113	3.57
R_{po}/Ω	87.01	98.15	41.73	6.23
$Q_{ox}/(\mu F \cdot cm^{-2})$	0.326	0.605	0.729	717
R_{ox}/Ω	13.08	14.52	15.03	34.28

表 5.28   H63 黄铜在 200 Hz 旋转电磁记忆处理时的等效电路图各元件参数

参数	3 h	6 h	9 h	12 h
R_s/Ω	8.18	6.68	8.094	8.358
$Q_{dl}/(\mu F \cdot cm^{-2})$	417	212	191	0.361
R_{po}/Ω	86.64	58.96	217.4	13.21
$Q_{ox}/(\mu F \cdot cm^{-2})$	0.356	1.26	0.725	190
R_{ox}/Ω	12.67	15.86	14.65	148.9

　　从得到的等效电路图可知,旋转电磁对 H63 黄铜在 3.5％NaCl 溶液中的腐蚀过程的影响分为三个部分,其中旋转电磁效应对整个腐蚀过程影响最大的是溶液电阻的变化,这是由于整个腐蚀等效电路是由三个部分串联而成,溶液电阻的变化会对整个腐蚀过程的腐蚀电流产生较大的影响。

　　对表中的溶液电阻 R_s 的数值进行整理,可以得到旋转电磁效应对电化学体系中溶液电阻 R_s 的影响,结果如图 5.19 和图 5.20 所示。

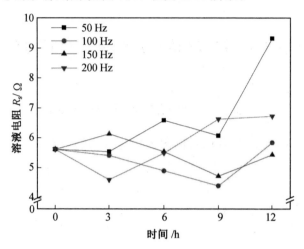

图 5.19　旋转电磁处理阶段溶液电阻 R_s 的变化

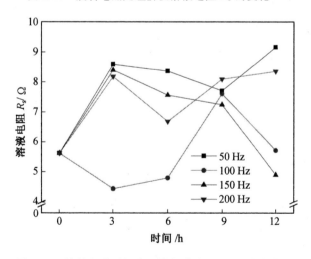

图 5.20　旋转电磁记忆处理阶段溶液电阻 R_s 的变化

　　从图 5.19 可以看出旋转电磁作用下的 H63 黄铜在 3.5％NaCl 溶液中腐蚀的电化学体系中,溶液电阻大部分是增加的趋势,说明在腐蚀过程中,溶液对电子移动的阻碍增大,导致腐蚀电流减小,从而使得腐蚀过程腐蚀速率下降。从图

5.20可以看出,旋转电磁记忆处理阶段的溶液电阻与未处理时相比要大,说明旋转电磁增大电化学体系溶液电阻这个作用具有记忆性。

阴极氧去极化反应的快慢决定了H63黄铜在3.5%NaCl溶液中的腐蚀速率的大小,从溶液电阻的变化也可以看出,旋转电磁效应会增加整个电极体系的溶液电阻,这也会影响反映过程中离子的运动,从而导致反应变慢,使得旋转电磁效应具有缓蚀的效果。

5.6　旋转电磁效应对铜及铜合金极化行为的影响机理

5.6.1　旋转电磁效应对阴极极化行为的影响

5.6.1.1　旋转电磁效应对铜阴极极化行为的影响

T2紫铜在不同交变频率旋转电磁处理3.5%NaCl溶液中的阴极极化曲线如图5.21所示。由图可见,阴极极化曲线可分为氧扩散区和氧还原区。

在氧扩散区,随着腐蚀电位增大,腐蚀电流密度减小并趋向于平稳,在平稳阶段,腐蚀电流密度见表5.29,随着处理时间的增加,腐蚀电流密度变化较小,但随着交变频率的增大,呈减小趋势。氧扩散区宽度见表5.30,处理时间和交变频率的影响较小,极值范围在0.998～1.192 V之间,相差0.194 V。

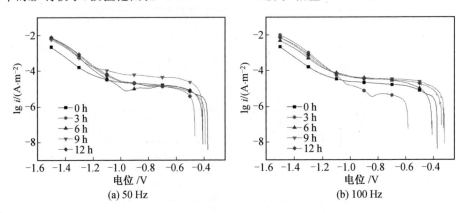

图5.21　T2紫铜在旋转电磁处理3.5%NaCl溶液中的阴极极化曲线

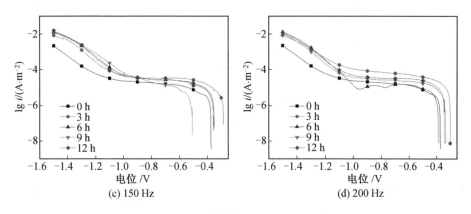

(c) 150 Hz　　　　　　　　　　(d) 200 Hz

续图 5.21

表 5.29　旋转电磁处理时氧扩散区的腐蚀电流密度　　　　A/cm²

时间	50 Hz	100 Hz	150 Hz	200 Hz
3 h	$10^{-5.544}$	$10^{-5.670}$	$10^{-5.482}$	$10^{-5.011}$
6 h	$10^{-5.486}$	$10^{-5.483}$	$10^{-5.274}$	$10^{-5.324}$
9 h	$10^{-4.982}$	$10^{-5.273}$	$10^{-5.584}$	$10^{-5.400}$
12 h	$10^{-5.411}$	$10^{-5.319}$	$10^{-5.318}$	$10^{-5.115}$

表 5.30　旋转电磁处理时氧扩散区宽度　　　　V

时间	50 Hz	100 Hz	150 Hz	200 Hz
3 h	1.07 (−1.5～−0.43)	0.883 (−1.5～−0.617)	1.192 (−1.5～−0.308)	1.166 (−1.5～−0.334)
6 h	1.054 (−1.5～−0.446)	1.057 (−1.5～−0.443)	1.115 (−1.5～−0.385)	1.063 (−1.5～−0.437)
9 h	1.054 (−1.5～−0.446)	1.144 (−1.5～−0.356)	0.968 (−1.5～−0.532)	1.137 (−1.5～−0.363)
12 h	0.998 (−1.5～−0.502)	1.121 (−1.5～−0.379)	1.108 (−1.5～−0.392)	1.121 (−1.5～−0.379)

　　在氧还原区,腐蚀电流密度迅速减小,终时值见表 5.31,其随着交变频率的增大,均呈先增大后减小趋势,在 50 Hz 处理 3 h、6 h,100 Hz 处理 9 h,200 Hz 处理 3 h、6 h、9 h、12 h 时,均有稳定值 $10^{-8.12}$ A/cm²。氧还原区宽度见表5.32,极值范围较小,在 0.025～0.049 V 之间,相差 0.024 V。交变频率对氧还原反应

速率的影响如表 5.33 所示的阴极极化曲线斜率,在 50 Hz 时处理时间的影响较小,其他频率时处理时间的影响较大。

表 5.31　旋转电磁处理时氧还原区的终时腐蚀电流密度　　　　　　A/cm²

时间	50 Hz	100 Hz	150 Hz	200 Hz
3 h	$10^{-8.12}$	$10^{-7.27}$	$10^{-7.08}$	$10^{-8.12}$
6 h	$10^{-8.12}$	$10^{-7.64}$	$10^{-7.27}$	$10^{-8.12}$
9 h	$10^{-6.8}$	$10^{-8.12}$	$10^{-7.64}$	$10^{-8.12}$
12 h	$10^{-7.64}$	$10^{-7.08}$	$10^{-7.42}$	$10^{-8.12}$

表 5.32　旋转电磁处理时氧还原区宽度　　　　　　V

时间	50 Hz	100 Hz	150 Hz	200 Hz
3 h	0.039 ($-0.43 \sim -0.391$)	0.035 ($-0.617 \sim -0.582$)	0.025 ($-0.308 \sim -0.283$)	0.034 ($-0.334 \sim -0.3$)
6 h	0.037 ($-0.446 \sim -0.409$)	0.033 ($-0.443 \sim -0.41$)	0.035 ($-0.385 \sim -0.35$)	0.049 ($-0.437 \sim -0.388$)
9 h	0.037 ($-0.446 \sim -0.409$)	0.035 ($-0.356 \sim -0.321$)	0.024 ($-0.532 \sim -0.508$)	0.03 ($-0.363 \sim -0.333$)
12 h	0.034 ($-0.334 \sim -0.3$)	0.049 ($-0.437 \sim -0.388$)	0.03 ($-0.363 \sim -0.333$)	0.036 ($-0.379 \sim -0.343$)

表 5.33　旋转电磁处理时阴极极化曲线斜率

时间	50 Hz	100 Hz	150 Hz	200 Hz
3 h	3.559	2.461	5.642	3.865
6 h	4.132	5.094	3.825	2.263
9 h	3.739	3.877	5.251	4.860
12 h	3.329	4.013	3.762	4.206

　　T2 紫铜在旋转电磁记忆处理阶段的 3.5%NaCl 溶液中的阴极极化曲线如图 5.22 所示。由图可见,阴极极化曲线也可分为氧扩散区和氧还原区。

　　在氧扩散区,随着腐蚀电位增大,腐蚀电流密度减小并趋向于平稳,在平稳阶段,腐蚀电流密度见表 5.34,可以看出,腐蚀电流密度相差较小,随着记忆时间

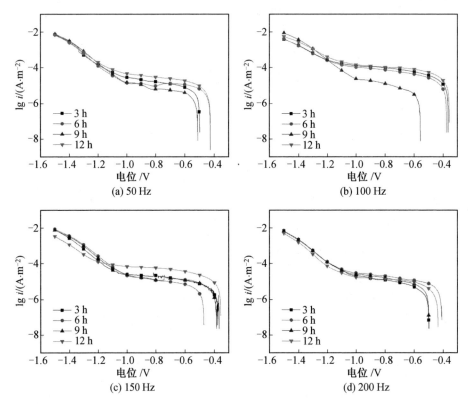

图 5.22　T2 紫铜在旋转电磁记忆处理阶段的 3.5％NaCl 溶液中的阴极极化曲线

的增加,呈先增大后减小的趋势,但交变频率和记忆时间的影响均较小。氧扩散区宽度见表 5.35,极值范围在 0.973～1.111 V 之间,相差 0.138 V,与旋转电磁处理时的变化趋势一致。

表 5.34　旋转电磁记忆处理时氧扩散区的腐蚀电流密度　　　　　　　A/cm²

时间	50 Hz	100 Hz	150 Hz	200 Hz
3 h	$10^{-5.505}$	$10^{-4.976}$	$10^{-5.663}$	$10^{-5.793}$
6 h	$10^{-5.470}$	$10^{-5.090}$	$10^{-5.573}$	$10^{-5.411}$
9 h	$10^{-5.715}$	$10^{-5.514}$	$10^{-5.550}$	$10^{-5.528}$
12 h	$10^{-5.335}$	$10^{-4.828}$	$10^{-4.828}$	$10^{-5.664}$

表 5.35　旋转电磁记忆处理时氧扩散区宽度　　　　　　　　V

时间	50 Hz	100 Hz	150 Hz	200 Hz
3 h	0.973 (−1.5～−0.527)	1.104 (−1.5～−0.396)	1.102 (−1.5～−0.398)	0.976 (−1.5～−0.524)
6 h	1.038 (−1.5～−0.462)	1.092 (−1.5～−0.408)	0.994 (−1.5～−0.506)	1.052 (−1.5～−0.448)
9 h	0.948 (−1.5～−0.552)	0.9 (−1.5～−0.6)	1.081 (−1.5～−0.419)	0.971 (−1.5～−0.529)
12 h	1.038 (−1.5～−0.462)	1.111 (−1.5～−0.389)	1.064 (−1.5～−0.436)	1.03 (−1.5～−0.47)

在氧还原区,腐蚀电流密度迅速减小,终时值见表 5.36,可以看出,随着记忆时间的增加,腐蚀电流密度呈先减小后增大趋势。氧还原区宽度见表 5.37,极值范围为 0.025～0.079 V,相差 0.054 V,比旋转电磁处理时的稍大。交变频率对氧还原反应速率的影响如表 5.38 所示的阴极极化曲线斜率,随着记忆时间的增加,阴极极化曲线斜率呈先减小后增大的趋势,随着交变频率的增大,则基本呈先增大后减小的趋势。

表 5.36　旋转电磁记忆处理时氧还原区的终时腐蚀电流密度　　　A/cm²

时间	50 Hz	100 Hz	150 Hz	200 Hz
3 h	$10^{-5.51}$	$10^{-4.98}$	$10^{-5.66}$	$10^{-5.81}$
6 h	$10^{-5.47}$	$10^{-5.09}$	$10^{-5.57}$	$10^{-5.41}$
9 h	$10^{-5.71}$	$10^{-5.5}$	$10^{-5.54}$	$10^{-5.53}$
12 h	$10^{-5.33}$	$10^{-4.82}$	$10^{-4.83}$	$10^{-5.66}$

表 5.37　旋转电磁记忆处理时氧还原区宽度　　　　　　　　V

时间	50 Hz	100 Hz	150 Hz	200 Hz
3 h	0.03 (−0.527～−0.497)	0.032 (−0.396～−0.364)	0.03 (−0.398～−0.368)	0.025 (−0.524～−0.499)
6 h	0.037 (−0.462～−0.425)	0.032 (−0.408～−0.376)	0.034 (−0.506～−0.472)	0.039 (−0.448～−0.409)
9 h	0.042 (−0.552～−0.51)	0.043 (−0.6～−0.557)	0.033 (−0.419～−0.386)	0.031 (−0.529～−0.498)
12 h	0.037 (−0.462～−0.425)	0.033 (−0.389～−0.356)	0.079 (−0.436～−0.357)	0.035 (−0.47～−0.435)

表 5.38　旋转电磁记忆处理时阴极极化曲线斜率

时间	50 Hz	100 Hz	150 Hz	200 Hz
3 h	3.723	4.294	4.508	4.841
6 h	3.513	4.377	3.570	3.177
9 h	3.151	2.648	4.313	3.845
12 h	3.997	4.332	4.332	4.432

由水质实验可知旋转电磁处理时,热效应和交变磁场效应综合作用使溶解氧含量减小、pH 增大。在旋转电磁记忆处理阶段,溶解氧含量一直增大,直至与室温时溶解氧含量相差无几,而 pH 略有减小,但比未处理时要高。阴极上发生的是氧去极化反应,紫铜腐蚀受到阴极过程的控制,溶液溶解氧含量以及 pH 的变化会影响阴极的氧去极化反应,溶解氧含量减小、pH 增大都会减慢氧去极化反应速率,使得氢氧根离子变少。同时,交变频率以及处理时间会影响氧扩散区的宽度,使得腐蚀电位发生变化,氧还原反应速率发生变化,也会使向阳极极化过程提供的氢氧根离子数量发生变化,同时改变了余留下参与紫铜的氧化反应的溶解氧。

旋转电磁处理使溶液的温度升高,而海水温度每升高 10 ℃,化学反应速度提高约 14%,但是温度的升高会使海水中溶解氧含量减小,温度每升高 10 ℃,溶解氧含量约减小 20%,同时旋转电磁处理使溶解氧含量减小以及 pH 增大,综合各水质参数的变化,旋转电磁处理会降低阴极氧去极化反应速率。

5.6.1.2　旋转电磁效应对铜合金阴极极化行为的影响

H63 黄铜在旋转电磁处理阶段的 3.5% NaCl 溶液中的阴极极化曲线如图 5.23 所示。从图中所示的曲线可以看出,H63 黄铜在 3.5% NaCl 溶液中的阴极氧去极化过程主要包括两个部分,分别为氧扩散和氧离子化反应。电化学实验开始时,随着电极电位的增大,电流密度变化较小,阴极表面的氧含量较少,阴极过程主要为氧扩散过程;当电极电位继续增大时,阴极电流密度开始急剧降低,此时阴极过程由氧离子化反应的速度控制。从图 5.23 可以看出,旋转电磁在大部分情况下会减小氧扩散区,使得 H63 黄铜在 3.5% NaCl 溶液中的腐蚀电位负移。但是在氧扩散区,经旋转电磁处理后的阴极极化曲线的电流密度比未处理时的要小。

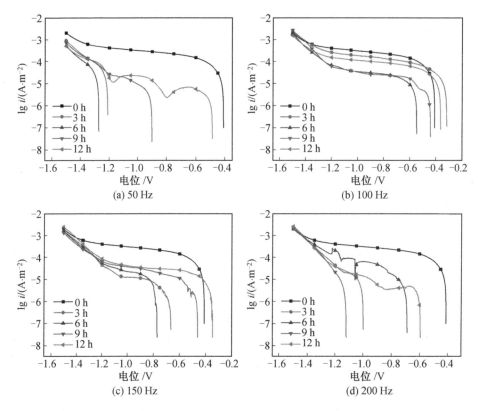

图 5.23　H63 黄铜在旋转电磁处理阶段的 3.5％NaCl 溶液中的阴极极化曲线

　　H63 黄铜在旋转电磁记忆处理阶段的 3.5％NaCl 溶液中的阴极极化曲线如图 5.24 所示。H63 黄铜在记忆处理的 3.5％NaCl 溶液中的阴极极化过程氧扩散区以及氧扩散区的电流密度也减小，与旋转电磁处理时一样，这也说明了旋转电磁效应对 H63 黄铜在 3.5％NaCl 溶液中的阴极极化过程具有记忆性。

　　由水质实验可知旋转电磁处理时，热效应和交变磁场效应综合作用使溶解氧含量减小、pH 增大。在旋转电磁记忆处理阶段，溶解氧含量一直增大，直至与室温时溶解氧含量相差无几，而 pH 略有减小，但比未处理时要高。

　　旋转电磁处理使溶液的温度升高，而海水温度每升高 10 ℃，化学反应速度提高约 14％，但是温度的升高会使海水中溶解氧含量下降，温度每升高 10 ℃，溶解氧含量约降低 20％，同时旋转电磁处理使溶解氧含量下降以及 pH 增大，综合各水质参数的变化，旋转电磁处理会降低阴极氧去极化反应速率。

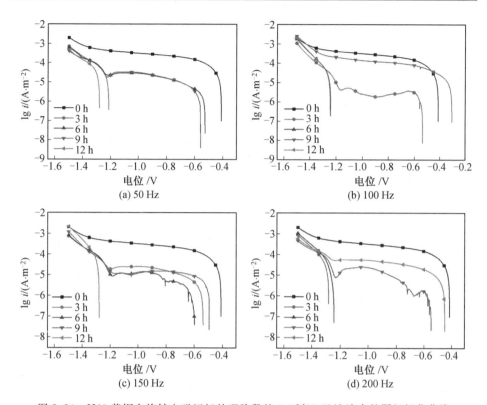

图 5.24　H63 黄铜在旋转电磁记忆处理阶段的 3.5％NaCl 溶液中的阴极极化曲线

5.6.2　旋转电磁效应对阳极极化行为的影响

5.6.2.1　旋转电磁效应对铜阳极极化行为的影响

图 5.25 是 T2 紫铜在旋转电磁处理阶段的 3.5％NaCl 溶液中的阳极极化曲线。由图可见,T2 紫铜阳极极化曲线大致可以分为活性溶解区、钝化区、极限腐蚀电流密度区。

在活性溶解区,腐蚀电流密度迅速增大,终时值见表 5.39,随着处理时间和交变频率的增加,在 50 Hz 和 100 Hz 时呈减小趋势,在 150 Hz 和 200 Hz 处理时间 9 h 和 12 h 时有波动。活性溶解区宽度见表 5.40,极值范围非常小,在 0.005~0.046 V 之间,相差 0.041 V。交变频率对活性溶解速率的影响如表5.41所示的阳极极化曲线斜率,随着处理时间的增加,在 50 Hz 时呈减小趋势,在 100 Hz时呈增大趋势,在 150 Hz 和 200 Hz 时,处理时间的影响较小。

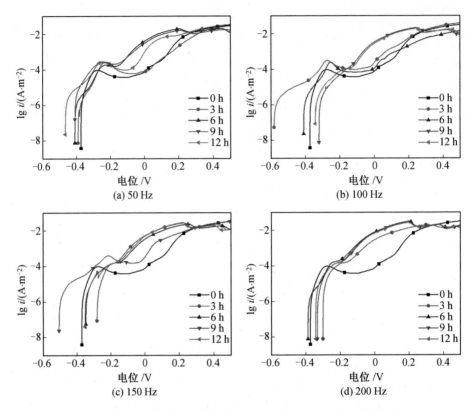

图 5.25　T2 紫铜在旋转电磁处理阶段的 3.5%NaCl 溶液中的阳极极化曲线

表 5.39　旋转电磁处理时活性溶解区的终时腐蚀电流密度　　　　　A/cm²

时间	50 Hz	100 Hz	150 Hz	200 Hz
3 h	$10^{-6.386}$	$10^{-5.672}$	$10^{-4.385}$	$10^{-4.521}$
6 h	$10^{-6.156}$	$10^{-5.661}$	$10^{-4.943}$	$10^{-6.272}$
9 h	$10^{-5.165}$	$10^{-5.477}$	$10^{-5.336}$	$10^{-4.669}$
12 h	$10^{-5.545}$	$10^{-5.329}$	$10^{-4.947}$	$10^{-5.120}$

表 5.40　旋转电磁处理时活性溶解区宽度　　　　　V

时间	50 Hz	100 Hz	150 Hz	200 Hz
3 h	0.005 (−0.391~−0.386)	0.028 (−0.582~−0.554)	0.046 (−0.283~−0.237)	0.035 (−0.3~−0.265)
6 h	0.006 (−0.409~−0.403)	0.016 (−0.41~−0.394)	0.034 (−0.35~−0.316)	0.005 (−0.388~−0.383)

续表 5.40　　　　　　　　　　　　　　　　　　　　V

时间	50 Hz	100 Hz	150 Hz	200 Hz
9 h	0.02	0.023	0.036	0.038
	(−0.409～−0.389)	(−0.321～−0.298)	(−0.508～−0.472)	(−0.333～−0.295)
12 h	0.021	0.029	0.039	0.017
	(−0.466～−0.445)	(−0.343～−0.314)	(−0.354～−0.315)	(−0.343～−0.326)

表 5.41　旋转电磁处理时阳极极化曲线斜率

时间	50 Hz	100 Hz	150 Hz	200 Hz
3 h	18.807	5.833	5.450	6.051
6 h	14.306	11.687	7.522	18.236
9 h	11.834	9.625	5.857	7.361
12 h	7.408	8.385	6.395	11.811

在钝化区,腐蚀电流密度见表 5.42,随着处理时间的增加,在 50 Hz 和 100 Hz时呈减小趋势,在 150 Hz 和 200 Hz 时呈先增大后减小趋势。钝化区宽度见表 5.43,极值范围在 0.208～0.65 V 之间,相差 0.442 V,随着交变频率的增大,钝化电位和区间均呈减小趋势。过钝化区的最小腐蚀电流密度见表 5.44,随着交变频率的增大,呈减小趋势,而处理时间的影响较小。过钝化区宽度见表 5.45,极值范围在 0.094～0.158 V 之间,相差 0.064 V,在 50 Hz 时过钝化电位最小,区间也最小,其他频率时过钝化电位较大,区间相对较大。

表 5.42　旋转电磁处理时钝化区的腐蚀电流密度　　　　　　A/cm²

时间	50 Hz	100 Hz	150 Hz	200 Hz
3 h	$10^{-6.35}$	$10^{-5.65}$	$10^{-4.37}$	$10^{-4.5}$
6 h	$10^{-6.12}$	$10^{-5.62}$	$10^{-4.93}$	$10^{-6.16}$
9 h	$10^{-5.13}$	$10^{-5.45}$	$10^{-5.31}$	$10^{-4.64}$
12 h	$10^{-5.53}$	$10^{-5.3}$	$10^{-4.92}$	$10^{-5.1}$

表 5.43　旋转电磁处理时钝化区宽度　　　　　　　　　　　V

时间	50 Hz	100 Hz	150 Hz	200 Hz
3 h	0.31	0.425	0.515	0.65
	(−0.385～−0.075)	(−0.553～−0.128)	(−0.236～0.279)	(−0.264～0.386)

续表 5.43　　　　　　　　　　　　　　　　　　　　　　　V

时间	50 Hz	100 Hz	150 Hz	200 Hz
6 h	0.222 (−0.402~−0.18)	0.266 (−0.393~−0.127)	0.641 (−0.315~0.326)	0.647 (−0.382~0.265)
9 h	0.208 (−0.388~−0.18)	0.598 (−0.297~0.301)	0.331 (−0.471~−0.14)	0.549 (−0.294~0.255)
12 h	0.326 (−0.444~−0.118)	0.6 (−0.313~0.287)	0.591 (−0.314~0.277)	0.582 (−0.325~0.257)

表 5.44　旋转电磁处理时过钝化区的最小腐蚀电流密度　　A/cm²

时间	50 Hz	100 Hz	150 Hz	200 Hz
3 h	$10^{-4.23}$	$10^{-4.02}$	$10^{-1.85}$	$10^{-1.87}$
6 h	$10^{-3.81}$	$10^{-4.18}$	$10^{-1.88}$	$10^{-1.84}$
9 h	$10^{-3.7}$	$10^{-1.88}$	$10^{-3.78}$	$10^{-1.84}$
12 h	$10^{-4.03}$	$10^{-1.96}$	$10^{-1.89}$	$10^{-1.83}$

表 5.45　旋转电磁处理时过钝化区宽度　　　　　　　　　V

时间	50 Hz	100 Hz	150 Hz	200 Hz
3 h	0.154 (−0.074~0.08)	0.139 (−0.127~0.012)	0.158 (0.28~0.438)	0.094 (0.387~0.481)
6 h	0.034 (−0.179~−0.145)	0.155 (−0.126~0.029)	0.126 (0.327~0.453)	0.116 (0.266~0.382)
9 h	0.037 (−0.179~−0.142)	0.128 (0.302~0.43)	0.145 (−0.139~0.006)	0.121 (0.256~0.377)
12 h	0.085 (−0.117~−0.032)	0.164 (0.288~0.452)	0.126 (0.278~0.404)	0.122 (0.258~0.38)

　　在极限腐蚀电流密度区,腐蚀电流密度呈增大趋势,最大腐蚀电流密度见表 5.46,随着交变频率的增大,极限腐蚀电流密度呈增大趋势,而处理时间的影响则呈先增大后减小的趋势。极限腐蚀电流密度区宽度见表 5.47,极值范围在 0.017~0.643 V 之间,相差 0.626 V,在 50 Hz 时进入极限腐蚀电流密度区的电位最小,区间最大,而在 200 Hz 时电位相对较大,区间最小。不同参数的极限腐蚀电流密度区曲线在后期均有减小,与热效应时的变化规律一致。

表 5.46　旋转电磁处理时极限腐蚀电流密度区的最大腐蚀电流密度　　　A/cm²

时间	50 Hz	100 Hz	150 Hz	200 Hz
3 h	$10^{-1.55}$	$10^{-1.42}$	$10^{-1.66}$	$10^{-1.83}$
6 h	$10^{-1.71}$	$10^{-1.85}$	$10^{-1.77}$	$10^{-1.72}$
9 h	$10^{-1.76}$	$10^{-1.81}$	$10^{-1.49}$	$10^{-1.69}$
12 h	$10^{-1.47}$	$10^{-1.78}$	$10^{-1.74}$	$10^{-1.73}$

表 5.47　旋转电磁处理时极限腐蚀电流密度区宽度　　　　V

时间	50 Hz	100 Hz	150 Hz	200 Hz
3 h	0.418 (0.081~0.499)	0.486 (0.013~0.499)	0.06 (0.439~0.499)	0.017 (0.482~0.499)
6 h	0.643 (−0.144~0.499)	0.469 (0.03~0.499)	0.045 (0.454~0.499)	0.116 (0.383~0.499)
9 h	0.358 (−0.141~0.499)	0.068 (0.431~0.499)	0.492 (0.007~0.499)	0.121 (0.378~0.499)
12 h	0.53 (−0.031~0.499)	0.046 (0.453~0.499)	0.094 (0.405~0.499)	0.118 (0.381~0.499)

　　图 5.26 是 T2 紫铜在旋转电磁记忆处理阶段的 3.5%NaCl 溶液中的阳极极化曲线。由图可见,T2 紫铜阳极极化曲线也可大致分为活性溶解区、钝化区、极限腐蚀电流密度区。

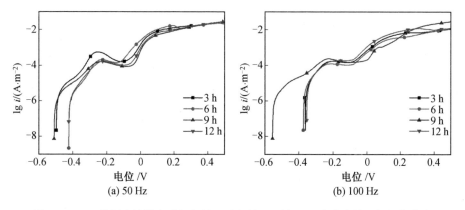

图 5.26　T2 紫铜在旋转电磁记忆处理阶段的 3.5%NaCl 溶液中的阳极极化曲线

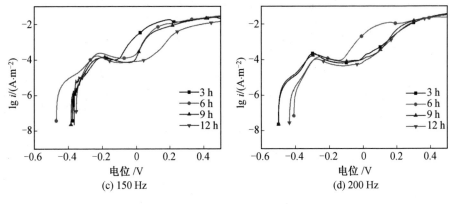

(c) 150 Hz

(d) 200 Hz

续图 5.26

在活性溶解区,腐蚀电流密度迅速增大,终时值见表 5.48,交变频率和记忆时间的影响均较小。活性溶解区宽度见表 5.49,区间较小,极值范围在 0.003～0.046 V 之间,相差 0.043 V。交变频率对活性溶解速率的影响如表 5.50 所示的阳极极化曲线斜率,交变频率和记忆时间的影响较大,水质的变化使得阳极反应剧烈变化。

表 5.48　旋转电磁记忆处理时活性溶解区的终时腐蚀电流密度　　　　A/cm²

时间	50 Hz	100 Hz	150 Hz	200 Hz
3 h	$10^{-5.390}$	$10^{-4.976}$	$10^{-5.474}$	$10^{-5.591}$
6 h	$10^{-5.954}$	$10^{-5.068}$	$10^{-5.520}$	$10^{-5.751}$
9 h	$10^{-5.694}$	$10^{-5.722}$	$10^{-5.752}$	$10^{-5.520}$
12 h	$10^{-5.737}$	$10^{-4.778}$	$10^{-4.778}$	$10^{-6.104}$

表 5.49　旋转电磁记忆处理时活性溶解区宽度　　　　　　　　　　V

时间	50 Hz	100 Hz	150 Hz	200 Hz
3 h	0.027 (−0.497～−0.47)	0.023 (−0.364～−0.341)	0.046 (−0.283～−0.237)	0.026 (−0.499～−0.473)
6 h	0.015 (−0.425～−0.41)	0.024 (−0.376～−0.352)	0.034 (−0.35～−0.316)	0.015 (−0.409～−0.394)
9 h	0.003 (−0.51～−0.48)	0.037 (−0.57～−0.533)	0.036 (−0.508～−0.472)	0.022 (−0.476～−0.498)
12 h	0.017 (−0.425～−0.408)	0.028 (−0.356～−0.328)	0.039 (−0.354～−0.315)	0.010 (−0.435～−0.425)

表 5.50　旋转电磁记忆处理时阳极极化曲线斜率

时间	50 Hz	100 Hz	150 Hz	200 Hz
3 h	6.740	9.770	12.547	7.180
6 h	12.821	9.073	6.343	15.257
9 h	6.698	7.821	11.196	7.585
12 h	11.820	7.966	7.966	15.429

在钝化区,腐蚀电流密度见表 5.51,随着交变频率的增大,呈先减小后增大趋势,而随着记忆时间的增加,呈先增大后减小趋势。钝化区宽度见表 5.52,极值范围在 0.205~0.716 V 之间,相差 0.511 V,钝化电位相差不大,在 150 Hz 记忆 6 h 和 9 h 时最大。过钝化区的最小腐蚀电流密度见表 5.53,在 100 Hz 记忆 12 h 时最大。过钝化区宽度见表 5.54,极值范围在 0.019~0.125 V 之间,相差 0.106 V,在 100 Hz 记忆 12 h 时过钝化电位最大。

表 5.51　旋转电磁记忆处理时钝化区的腐蚀电流密度　　　　　　A/cm^2

时间	50 Hz	100 Hz	150 Hz	200 Hz
3 h	$10^{-5.37}$	$10^{-4.96}$	$10^{-5.38}$	$10^{-5.57}$
6 h	$10^{-5.84}$	$10^{-5.05}$	$10^{-5.51}$	$10^{-5.71}$
9 h	$10^{-5.67}$	$10^{-5.74}$	$10^{-5.7}$	$10^{-5.51}$
12 h	$10^{-5.72}$	$10^{-4.75}$	$10^{-4.76}$	$10^{-6.09}$

表 5.52　旋转电磁记忆处理时钝化区宽度　　　　　　V

时间	50 Hz	100 Hz	150 Hz	200 Hz
3 h	0.357 (−0.469~−0.122)	0.205 (−0.34~−0.135)	0.212 (−0.345~−0.133)	0.348 (−0.472~−0.124)
6 h	0.258 (−0.409~−0.151)	0.216 (−0.351~−0.135)	0.347 (−0.442~−0.095)	0.238 (−0.393~−0.155)
9 h	0.378 (−0.479~−0.101)	0.426 (−0.532~−0.106)	0.317 (−0.365~−0.048)	0.346 (−0.475~−0.129)
12 h	0.295 (−0.407~−0.112)	0.716 (−0.327~0.389)	0.216 (−0.316~−0.1)	0.295 (−0.424~−0.129)

表 5.53　旋转电磁记忆处理时过钝化区的最小腐蚀电流密度　　　　A/cm²

时间	50 Hz	100 Hz	150 Hz	200 Hz
3 h	$10^{-3.79}$	$10^{-3.84}$	$10^{-4.01}$	$10^{-4.21}$
6 h	$10^{-3.85}$	$10^{-3.98}$	$10^{-3.91}$	$10^{-4.05}$
9 h	$10^{-4.06}$	$10^{-3.83}$	$10^{-4.16}$	$10^{-4.11}$
12 h	$10^{-3.98}$	$10^{-2.00}$	$10^{-4.16}$	$10^{-4.36}$

表 5.54　旋转电磁记忆处理时过钝化区宽度　　　　V

时间	50 Hz	100 Hz	150 Hz	200 Hz
3 h	0.093 (−0.121~−0.028)	0.059 (−0.134~−0.075)	0.036 (−0.132~−0.096)	0.161 (−0.123~0.038)
6 h	0.044 (−0.15~−0.106)	0.059 (−0.134~−0.075)	0.09 (−0.094~0.004)	0.047 (−0.154~−0.107)
9 h	0.071 (−0.1~−0.029)	0.095 (−0.105~0.01)	0.046 (−0.047~0.001)	0.066 (−0.128~0.062)
12 h	0.063 (−0.111~−0.048)	0.091 (0.39~0.481)	0.019 (−0.099~0.091)	0.125 (−0.128~0.03)

　　在极限腐蚀电流密度区,腐蚀电流密度呈增大趋势,最大腐蚀电流密度见表 5.55,交变频率和记忆时间的影响较小。极限腐蚀电流密度区宽度见表 5.56,极值范围在 0.017~0.594 V 之间,相差 0.577 V,交变频率较小、记忆时间较短时,进入极限腐蚀电流密度区的电位较小。旋转电磁记忆处理时,极限腐蚀电流密度区后期没有腐蚀电流密度降低的现象,与热效应和旋转电磁处理时不同。

表 5.55　旋转电磁记忆处理时极限腐蚀电流密度区的最大腐蚀电流密度　　　　A/cm²

时间	50 Hz	100 Hz	150 Hz	200 Hz
3 h	$10^{-1.57}$	$10^{-1.96}$	$10^{-1.63}$	$10^{-1.44}$
6 h	$10^{-1.63}$	$10^{-1.94}$	$10^{-1.54}$	$10^{-1.62}$
9 h	$10^{-1.56}$	$10^{-1.54}$	$10^{-1.58}$	$10^{-1.5}$
12 h	$10^{-1.56}$	$10^{-1.91}$	$10^{-1.86}$	$10^{-1.49}$

表 5.56　旋转电磁记忆处理时极限腐蚀电流密度区宽度　　　　　V

时间	50 Hz	100 Hz	150 Hz	200 Hz
3 h	0.517 ($-0.027\sim0.499$)	0.573 ($-0.074\sim0.499$)	0.594 ($-0.095\sim0.499$)	0.538 ($0.039\sim0.499$)
6 h	0.604 ($-0.105\sim0.499$)	0.573 ($-0.074\sim0.499$)	0.504 ($0.005\sim0.499$)	0.605 ($-0.106\sim0.499$)
9 h	0.527 ($-0.028\sim0.499$)	0.488 ($0.011\sim0.499$)	0.497 ($0.002\sim0.499$)	0.436 ($0.063\sim0.499$)
12 h	0.546 ($-0.047\sim0.499$)	0.017 ($0.482\sim0.499$)	0.407 ($0.092\sim0.499$)	0.468 ($0.031\sim0.499$)

紫铜在 3.5%NaCl 溶液中的阳极反应过程主要为受阴极氧去极化反应控制、受溶解氧氧化反应控制和受氯离子络合反应控制三个过程影响。由 5.6.1 节可知,阴极的氧去极化反应在旋转电磁处理以及旋转电磁记忆处理的 NaCl 溶液中反应速率要比未处理时的慢,而阴极反应速率减小会使得阳极反应过程也变慢。但是由第 3 章水质实验可知,旋转电磁处理会降低溶液的溶解氧含量,这两方面都会使阳极过程中受阴极氧去极化反应控制以及受溶解氧氧化反应控制的过程受阻更严重。同时,交变磁场会使水分子的缔合度减小以及改变离子水化状态,即会使水分子以及离子的扩散能力加强,这两方面的影响会使受氯离子络合反应控制的过程反应速率增加。

综合阴极反应过程以及阳极反应过程可知,旋转电磁处理以及旋转电磁记忆处理时,阳极反应过程以受氯离子络合反应控制,以及受阴极氧去极化反应控制过程中为主。

5.6.2.2　旋转电磁效应对铜合金阳极极化行为的影响

图 5.27 是 H63 黄铜在不同频率旋转电磁处理阶段的 3.5%NaCl 溶液中的阳极极化曲线。随着电位的继续增大,电极体系的电位达到了 H63 黄铜在 3.5%NaCl 溶液中的反应电位,即开始了阳极过程,阳极极化曲线主要是活性溶解区,H63 黄铜在期间发生化学反应溶解,以及极限腐蚀电流密度区,即系统电位的增大将使腐蚀电流密度变化趋于平稳。从图 5.27 可以看出,50 Hz 旋转电磁处理 3 h、6 h 以及 9 h,150 Hz 旋转电磁处理 6 h 和 200 Hz 旋转电磁处理 3 h 时,阳极极化曲线还存在钝化区,即随着电位的升高,腐蚀电流密度反而降低,这有可能是此时在 H63 黄铜表面形成膜层,阻碍了 3.5%NaCl 溶液对其的腐蚀,从而使得腐蚀电流密度下降。

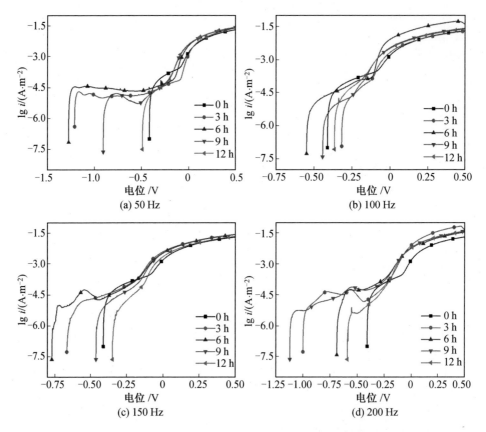

图 5.27　H63 黄铜在不同频率旋转电磁处理阶段的 3.5%NaCl 溶液中的阳极极化曲线

　　图 5.28 是 H63 黄铜在不同频率旋转电磁记忆处理阶段的 3.5%NaCl 溶液中的阳极极化曲线。从图中看出，在记忆处理阶段也存在钝化区。50 Hz 记忆 3 h、12 h，100 Hz 记忆 9 h、12 h，150 Hz 记忆 12 h 和 200 Hz 记忆 3 h、6 h 时，阳极极化曲线存在钝化区。从这一现象中发现旋转电磁具有记忆性。

　　阴极的氧去极化反应在旋转电磁处理以及旋转电磁记忆处理的 NaCl 溶液中反应速率要比未处理时的慢，而阴极反应速率减小会使得阳极反应过程也变慢，但是旋转电磁处理会降低溶液的溶解氧含量，这两方面都会使阳极反应过程中受阴极氧去极化反应控制以及受溶解氧氧化反应控制的过程受阻更严重。同时，交变磁场会使水分子的缔合度减小以及改变离子水化状态，即会使水分子以及离子的扩散能力加强，这两方面的影响会使受氯离子络合反应控制的过程反应速率增加。

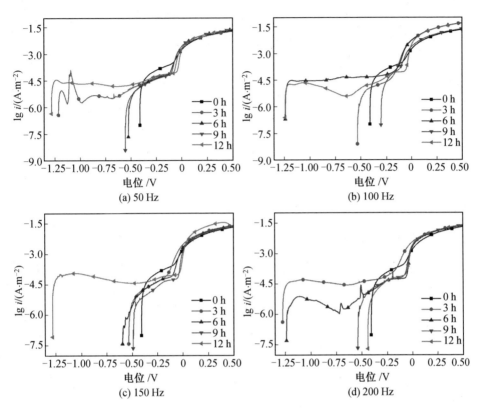

图 5.28　H63 黄铜在不同频率旋转电磁记忆处理阶段的 3.5％NaCl 溶液中的阳极极化
曲线

5.7　热效应对铜的腐蚀行为动力学的影响

5.7.1　热效应对电化学极化曲线的影响

在热效应引起 3.5％NaCl 溶液温度分别升至 20 ℃、30 ℃、40 ℃和 50 ℃的条件下进行电化学腐蚀实验测试,得到紫铜腐蚀过程的电化学极化曲线,如图 5.29所示。对所获得的极化曲线进行数据分析,可以得到紫铜在不同温度 3.5％NaCl 溶液中的腐蚀电位和腐蚀电流。

5.7.1.1　热效应对电化学腐蚀电位的影响

电化学腐蚀实验测试得到的极化曲线最低点对应的电位即为腐蚀电位,读取相应的数据可以得到紫铜在不同温度 3.5％NaCl 溶液中的腐蚀电位,见表

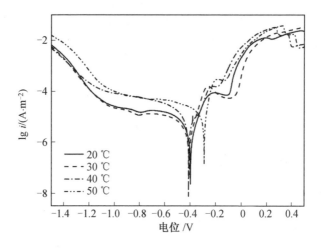

图 5.29　紫铜在不同温度 3.5％NaCl 溶液中的电化学极化曲线

5.57。可以看出,随着温度的升高,紫铜的腐蚀电位先减小后增大,在 50 ℃ 3.5％NaCl溶液中的腐蚀电位最大,其值为－0.288 V,在 40 ℃ 3.5％NaCl 溶液中的腐蚀电位最小,为－0.412 V。腐蚀电位从热力学的角度说明了金属在腐蚀介质中发生腐蚀的可能性,腐蚀电位越大,表示金属越不容易离子化,说明发生腐蚀的倾向性越小,而腐蚀电位越小,表示金属越容易转变为离子状态进入溶液,说明发生腐蚀的倾向性越大。因此,可以利用标准化电极电位数据来粗略判断金属电化学腐蚀的可能性。由表 5.57 可以得出,紫铜在 50 ℃ 3.5％NaCl 溶液中发生腐蚀的倾向性最小,相比 20 ℃时降低了 27.456％,而在 40 ℃ 3.5％NaCl 溶液中发生腐蚀的倾向性最大,相比 20 ℃时增加了 3.778％。

表 5.57　紫铜在不同温度 3.5％NaCl 溶液中的腐蚀电位

温度/℃	20	30	40	50
腐蚀电位/V	－0.397	－0.407	－0.412	－0.288

5.7.1.2　热效应对电化学腐蚀速率的影响

　　腐蚀电位只是从腐蚀倾向性的角度对金属腐蚀进行了衡量,而金属在腐蚀介质中腐蚀的具体情况应该从动力学的角度进行分析,即腐蚀速率。对电化学腐蚀实验测试得到的极化曲线,利用 Tafel 直线外推法可以求得紫铜的腐蚀电流,继而可以计算出紫铜的腐蚀速率,见表 5.58。可以看出,随着温度的升高,紫铜的腐蚀速率先减小后迅速增大,在 30 ℃ 3.5％NaCl 溶液中腐蚀速率最小,为 0.030 mm/年,在 50 ℃ 3.5％NaCl 溶液中腐蚀速率最大,为 0.410 mm/年。对比紫铜的腐蚀电位和腐蚀速率可以看出,腐蚀电位和腐蚀速率并没有数值大小

的一一对应关系,说明腐蚀电位代表的发生腐蚀倾向性与腐蚀电流代表的实际
腐蚀速率并不吻合,这与热效应对 3.5%NaCl 溶液水质的影响有关,见表 5.59,
随着 3.5%NaCl 溶液温度的升高,电导率先减小后增大,溶解氧含量也是先减小
后增大,pH 稍有增大,但增幅很小,在 40 ℃以后稳定。40 ℃ 3.5%NaCl 溶液水
质的反常变化主要受二氧化碳的溶解与解离影响,而水质的变化必定会影响紫
铜的电化学反应过程。

表 5.58 紫铜在不同温度 3.5%NaCl 溶液中的腐蚀速率

温度/℃	20	30	40	50
腐蚀电流/μA	2.119	2.033	6.390	27.510
腐蚀电流密度/(μA·cm^{-2})	2.699	2.590	8.140	35.045
腐蚀速率/(mm·年$^{-1}$)	0.032	0.030	0.095	0.410

表 5.59 不同温度 3.5%NaCl 溶液的水质

温度/℃	20	30	40	50
电导率/(mS·cm^{-1})	55.68	55.08	54.50	54.61
溶解氧含量/(mg·L^{-1})	8.04	7.14	6.31	7.34
pH	5.02	5.07	5.13	5.13

5.7.1.3 热效应的缓蚀效率

根据缓蚀效率公式,可以计算得到热效应对紫铜在不同温度 3.5%NaCl 溶
液中的缓蚀效率,见表 5.60。可以看出,热效应对紫铜在 3.5%NaCl 溶液中的腐
蚀过程几乎没有缓蚀效果,仅在 30 ℃ 3.5%NaCl 溶液中有 4.06%的缓蚀效率,
其值非常小,缓蚀效果微乎其微。热效应对紫铜腐蚀具有增速作用,在 40 ℃和
50 ℃时腐蚀速率相比 20 ℃时分别增大了 2.969 倍和 12.813 倍。

表 5.60 紫铜在不同温度 3.5%NaCl 溶液中的缓蚀效率

温度/℃	20	30	40	50
缓蚀效率/%	—	4.06	—	—

5.7.2 热效应对电化学阻抗谱的影响

5.7.2.1 热效应对 Nyquist 图的影响

图 5.30 是紫铜在不同温度 3.5%NaCl 溶液中进行电化学腐蚀实验得到的
Nyquist 图。由图可见,紫铜的 Nyquist 图是由两个近似半圆组成,第一个半圆

的阻抗虚部最大值和阻抗实部区宽度均小于第二个半圆。随着溶液温度的升高,整体图形向左侧移动,并且第一个半圆的阻抗虚部最大值先减小后增大,第二个半圆的阻抗虚部最大值先增大后减小,第一个半圆的阻抗实部区宽度先减小后增大,第二个半圆的阻抗实部区宽度先稍增大后减小。在 50 ℃ 3.5%NaCl 溶液中的第二个半圆的阻抗虚部最大值和阻抗实部区宽度远小于其他温度时。

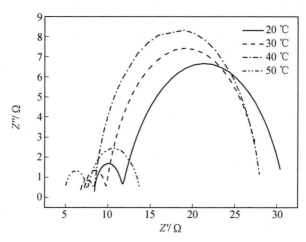

图 5.30　紫铜在不同温度 3.5%NaCl 溶液中的 Nyquist 图

5.7.2.2　热效应对 Bode 图的影响

图 5.31 是紫铜在不同温度 3.5%NaCl 溶液中电化学阻抗 Bode 图中相位角和频率之间的关系曲线。

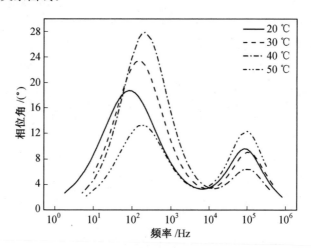

图 5.31　紫铜在不同温度 3.5%NaCl 溶液中相位角和频率之间的关系曲线

由图可以看出,紫铜在不同温度 3.5%NaCl 溶液中的阻抗谱有两个时间常

数,分别处于低频区(20 ℃是 82.5 Hz,30 ℃是 147 Hz,40 ℃是 215 Hz,50 ℃是
215 Hz)和高频区(20 ℃是 82 500 Hz,30 ℃是 99 600 Hz,40 ℃是 82 500 Hz,
50 ℃是 99 600 Hz),低频区时间常数相位角峰值大于高频区时间常数相位角峰
值。随着溶液温度的升高,低频区时间常数相位角峰值和高频区时间常数相位
角峰值的变化趋势完全相反,低频区时间常数相位角峰值先增大后减小,而高频
区时间常数相位角峰值先减小后增大。在 50 ℃ 3.5%NaCl 溶液中的紫铜的低
频区时间常数相位角峰值最小,而高频区时间常数相位角峰值最大,并且低频区
与高频区时间常数相位角峰值相差不大,其值分别为 13.288°和 12.347°,在其他
温度溶液中,低频区时间常数相位角峰值均大于高频区时间常数相位角峰值。

　　图 5.32 是紫铜在不同温度 3.5%NaCl 溶液中电化学阻抗 Bode 图中实部阻
抗值和频率之间的关系曲线。由图可见,紫铜在不同温度 3.5%NaCl 溶液中的
阻抗值和频率之间的关系曲线主要由五个部分组成,分别是溶液电阻、极化电
阻、氧化物电阻三个阻抗和双电层电容、氧化物电容两个容抗。以 30 ℃时为例,
可以看出,氧化电阻在 10~30 Hz 范围,氧化物电容在 30~500 Hz 范围,极化电
阻在 500~40 000 Hz 范围,双电层电容在 40 000~200 000 Hz 范围,溶液电阻在
200 000~500 000 Hz 范围。随着温度的升高,溶液电阻、双电层电容、极化电阻
都在减小,而氧化物电容和氧化物电阻仅在 50 ℃时大幅度减小,其他温度时相
差不大。

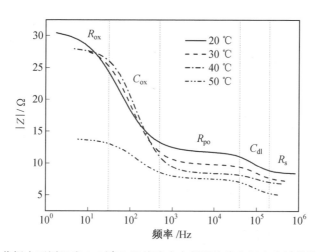

图 5.32　紫铜在不同温度 3.5%NaCl 溶液中实部阻抗值和频率之间的关系曲线

5.7.2.3　热效应对等效电路图的影响

　　利用 ZSimpWin 软件对紫铜在不同温度 3.5%NaCl 溶液中的阻抗谱数据进
行拟合,可以得到其阻抗谱的拟合等效电路图,如图 5.33 所示,拟合等效电路图

各元件参数见表 5.61,可以看出,紫铜在不同温度 3.5％NaCl 溶液中的阻抗谱等效电路图均是由电阻 R_s、常相位角元件 Q_{dl} 和电阻 R_{po} 并联、常相位角元件 Q_{ox} 和电阻 R_{ox} 并联共三个单元的串联组成的,其中,常相位角元件 Q_{dl} 是以双电层电容为主的,常相位角元件 Q_{ox} 是以氧化物电容为主的。

对比紫铜在不同温度 3.5％NaCl 溶液中的阻抗谱等效电路图可以看出,溶液的电阻随着溶液温度的升高而减小,在 50 ℃时的电阻最小,其值为 4.890 Ω,相比 20 ℃时的电阻降低了 41.702％。极化电阻和氧化物电阻则受常相位角元件特性影响较大。

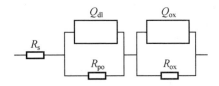

图 5.33 阻抗谱的拟合等效电路图

表 5.61 紫铜在 3.5％NaCl 溶液中的等效电路图各元件参数

温度/℃	20	30	40	50
R_s/Ω	8.388	7.154	6.727	4.890
$Q_{dl}/(\mu F \cdot cm^{-2})$	6.50×10^{-7}	2.63×10^{-4}	1.06×10^{-6}	6.11×10^{-4}
R_{po}/Ω	3.250	18.750	1.623	6.399
$Q_{ox}/(\mu F \cdot cm^{-2})$	6.75×10^{-4}	6.63×10^{-7}	1.52×10^{-4}	8.20×10^{-7}
R_{ox}/Ω	19.430	2.598	19.840	2.621

5.7.3 热效应对极化行为的影响机理

5.7.3.1 热效应对阴极极化行为的影响

图 5.34 是紫铜在不同温度 3.5％NaCl 溶液中的阴极极化曲线。由图可见,阴极极化曲线分为氧扩散区和氧还原区。

在氧扩散区,随着腐蚀电位增大,腐蚀电流密度减小并趋于平稳,在平稳阶段,40 ℃和 50 ℃时的腐蚀电流密度接近,其值分别为 $10^{-4.24}$ A/cm^2 和 $10^{-4.22}$ A/cm^2,大于 20 ℃和 30 ℃时的腐蚀电流密度,增大了约 12.083％。氧扩散区宽度分别为 1.068 V(20 ℃时 $-1.5 \sim -0.432$ V)、1.057 V(30 ℃时 $-1.5 \sim -0.443$ V)、1.055 V(40 ℃时 $-1.5 \sim -0.445$ V)、1.180 V(50 ℃时 $-1.5 \sim -0.320$ V),20 ℃、30 ℃和 40 ℃时氧扩散区宽度比较接近,50 ℃时氧扩散区宽度最大,相比 20 ℃时增大了 10.487％。

在氧还原区,腐蚀电流密度迅速减小,结束时分别为 $10^{-7.64}$ A/cm²(20 ℃)、
$10^{-7.27}$ A/cm²(30 ℃)、$10^{-8.12}$ A/cm²(40 ℃)、$10^{-6.84}$ A/cm²(50 ℃),随温度升高
呈减小趋势,40 ℃时 CO_2 的溶解与解离造成腐蚀电流密度反常增大。氧还原区
宽度分别为 0.035 V(20 ℃ 时 $-0.432 \sim -0.397$ V)、0.036 V(30 ℃ 时
$-0.443 \sim -0.407$ V)、0.033 V(40 ℃时$-0.445 \sim -0.412$ V)、0.032 V(50 ℃
时$-0.320 \sim -0.288$ V),温度对氧还原区宽度的影响微乎其微。阴极极化曲线
斜率的大小可以反映热效应对氧还原反应速率的影响。20 ℃、30 ℃、40 ℃、
50 ℃时阴极极化曲线斜率分别为 4.762、4.173、4.538、3.505,随着温度的升高,
氧还原反应速率总体呈减小的趋势。

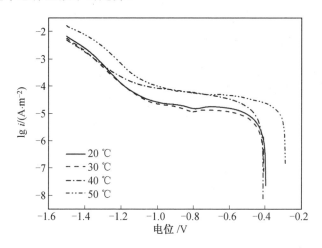

图 5.34　紫铜在不同温度 3.5%NaCl 溶液中的阴极极化曲线

阴极上发生的是氧去极化反应,紫铜的腐蚀速率受阴极过程控制。在阴极
反应过程中,氧通过扩散到达阴极表面吸收腐蚀电极中的剩余电子而形成氢氧
根离子,即

$$O_2 + 4e^- + 2H_2O \longrightarrow 4OH^- \qquad (5.6)$$

热效应对阴极反应过程的作用主要有两方面:一方面改变了溶液中的溶解
氧含量,随着温度的升高,溶解氧含量先降低后升高;另一方面增大了氧扩散区
宽度,使得腐蚀电位增大,氧还原反应速率减小,为阳极极化过程提供的氢氧根
离子减少,但余留下的溶解氧参与紫铜的氧化反应。

5.7.3.2　热效应对阳极极化行为的影响

图 5.35 是紫铜在不同温度 3.5%NaCl 溶液中的阳极极化曲线。由图可见,
紫铜在不同温度 3.5%NaCl 溶液中均发生钝化,且阳极极化曲线大致可以分为
活性溶解区、钝化区、极限腐蚀电流密度区。

在活性溶解区,腐蚀电流密度迅速增大,结束时分别为 $10^{-5.743}$ A/cm²

$(20 ℃)$、$10^{-5.830}$ A/cm^2（30 ℃）、$10^{-5.608}$ A/cm^2（40 ℃）、$10^{-3.954}$ A/cm^2（50 ℃），随温度升高先增大后减小。活性溶解区宽度分别为0.185 V（20 ℃时-0.397～-0.212 V）、0.143 V（30 ℃时-0.407～-0.264 V）、0.179 V（40 ℃时-0.412～-0.233 V）、0.097 V（50 ℃时-0.288～-0.191 V），随着温度的升高呈减小趋势。热效应对活性溶解速率的影响表现在阳极极化曲线斜率的大小。20 ℃、30 ℃、40 ℃、50 ℃时的阳极极化曲线斜率分别为 12.422、15.944、9.333、4.042，随着温度的升高，活性溶解速率先增大后减小。

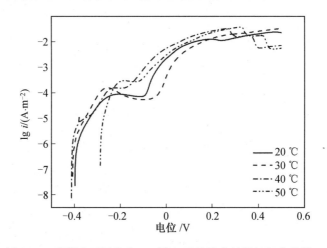

图 5.35　紫铜在不同温度 3.5％NaCl 溶液中的阳极极化曲线

在钝化区，腐蚀电流密度分别为 $10^{-4.05}$ A/cm^2（20 ℃）、$10^{-3.81}$ A/cm^2（30 ℃）、$10^{-3.81}$ A/cm^2（40 ℃）、$10^{-3.53}$ A/cm^2（50 ℃），随温度升高而增大。钝化区宽度（电位区间）分别为 0.01 V（20 ℃时-0.212～0.202 V）、0.016 V（30 ℃时-0.264～-0.248 V）、0.028 V（40 ℃时-0.233～-0.205 V）、0.019 V（50 ℃时-0.191～-0.172 V），随着温度的升高呈增大趋势。过钝化区宽度分别为 0 V（20 ℃）、0.129 V（30 ℃时-0.247～-0.018 V）、0.015 V（40 ℃时-0.204～-0.189 V）、0 V（50 ℃），20 ℃和50 ℃时的阳极极化曲线没有过钝化区，30 ℃时的阳极极化曲线有较大的过钝化区，腐蚀电流密度最小值为 $10^{-4.27}$ A/cm^2，相比钝化区减小了 12.073％，40 ℃时的阳极极化曲线有非常小的过钝化区，腐蚀电流密度最小值为 $10^{-3.82}$ A/cm^2，相比钝化区减小了 0.262％。

在极限腐蚀电流密度区，腐蚀电流密度呈增大趋势，极限腐蚀电流密度区宽度较大，分别为 0.701 V（20 ℃时-0.201～0.5 V）、0.517 V（30 ℃时-0.017～0.5 V）、0.688 V（40 ℃时-0.188～0.5 V）、0.617 V（50 ℃时-0.171～0.5 V），30 ℃时的极限腐蚀电流密度区宽度最小。40 ℃和50 ℃溶液中的腐蚀电流密度后期波动减小,40 ℃时自 0.272 V 开始减小,减幅为极限腐蚀电流密度的 44.295%,50 ℃时自 0.33 V 开始减小,减幅为极限腐蚀电流密度的 58.042%。

在阳极反应过程中,紫铜以水化离子的形式进入溶液,并把电子留在阳极,电子从阳极流动到阴极,即

$$Cu \longrightarrow Cu^{2+} + 2e^- \tag{5.7}$$

$$Cu^{2+} + 2H_2O \longrightarrow Cu^{2+} \cdot 2H_2O \tag{5.8}$$

综合以上腐蚀形貌、腐蚀产物物相成分、阴极反应过程和阳极反应过程分析,紫铜在 3.5%NaCl 溶液中的阳极反应过程主要有以下三种:

①受阴极氧去极化反应控制,主要发生以下反应过程:

$$Cu + OH^- \longrightarrow Cu(OH)_{(ads)} + e^- \tag{5.9}$$

$$2Cu(OH)_{(ads)} \longrightarrow Cu_2O + H_2O \tag{5.10}$$

$$2CuCl + H_2O \longrightarrow Cu_2O + 2HCl \tag{5.11}$$

②受溶解氧氧化反应控制,主要发生以下反应过程:

$$4Cu + O_2 \longrightarrow 2Cu_2O \tag{5.12}$$

③受氯离子络合反应控制,主要发生以下反应过程:

$$Cu_2O + Cl^- + H_2O + OH^- \longrightarrow Cu_2Cl(OH)_3 + 2e^- \tag{5.13}$$

$$Cu + Cl^- \longrightarrow CuCl_{(ads)} + e^- \tag{5.14}$$

$$CuCl_{(ads)} \longrightarrow CuCl_{(film)} \tag{5.15}$$

$$CuCl + e^- \longrightarrow Cu + Cl^- \tag{5.16}$$

$$CuCl_{(ads)} + Cl^- \longrightarrow CuCl_2^- \tag{5.17}$$

$$CuCl_2^- \longrightarrow Cu^{2+} + 2Cl^- + e^- \tag{5.18}$$

以上三种反应过程可以表明腐蚀产物的形成、沉积、形成保护膜以及随之表面溶解的历程。组成钝化膜的固相腐蚀产物物相的主要成分为 CuCl,不溶于水的 CuCl 与 Cl⁻ 结合生成易溶于水的离子而溶解于溶液中。由于溶液中 Cl⁻ 浓度较高,CuCl 可以快速大量生成,同时生成的 CuCl 在较高的腐蚀电位下又快速溶解,使得整个电化学反应循环进行。

第6章　铜及铜合金在旋转电磁效应作用海水环境中的腐蚀形貌演变

6.1　腐蚀形貌及物相分析实验方案

1. 形貌分析

利用美国 FEI 公司生产的 Quanta 200FEG 场发射环境扫描电子显微镜对电化学腐蚀后的试样表面进行形貌观测,同时结合 EDS 能谱仪对试样腐蚀表面的元素成分进行分析。

2. 物相分析

利用荷兰 Panalytical 公司生产的 EMPYREAN(锐影)X 射线衍射仪对电化学腐蚀产物的物相成分进行分析。实验条件:电压为 40 kV,电流为 40 mA,狭缝尺寸为 12 mm×0.4 mm,扫描角为 20°～100°,掠射角为 1°,扫描步进为 0.02°,每步扫描时间为 0.440 s。

6.2　旋转电磁处理过程腐蚀形貌演变

6.2.1　铜的腐蚀形貌演变

图 6.1 是 T2 紫铜在 50 Hz 交变频率处理后的 3.5％NaCl 溶液中的腐蚀形貌 SEM(扫描电子显微镜)照片。由图可见,50 Hz 交变频率处理阶段,T2 紫铜的电化学腐蚀形貌均呈现出全面腐蚀形态。其中,处理 3 h 的试样残留的颗粒状腐蚀产物最多,覆盖基体表面一半以上的面积,其次是处理 9 h 的。处理 6 h 的残留产物较少,还有明显的产物溶解痕迹,基体受到了明显的损伤。处理 12 h 的残留产物最少,没有产物层的保护,基体受到的损伤最严重。随着处理时间的增加,残留腐蚀产物的量先减小后增大后又减小。损伤的基体均呈龟裂状腐蚀。

图 6.2 是 T2 紫铜在 100 Hz 交变频率处理后的 3.5％NaCl 溶液中的腐蚀形貌 SEM 照片。由图可见,处理 3 h 的腐蚀形貌还残留有未溶解的大块产物膜,基

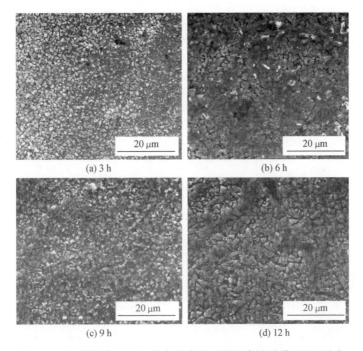

图 6.1　T2 紫铜在 50 Hz 交变频率处理后的腐蚀形貌 SEM 照片

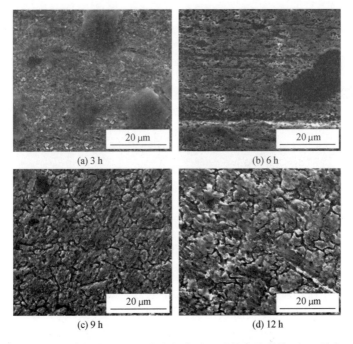

图 6.2　T2 紫铜在 100 Hz 交变频率处理后的腐蚀形貌 SEM 照片

体受保护而较为平整。处理 6 h 的腐蚀产物膜大面积溶解,裸露出的基体发生大面积的微坑腐蚀。处理 9 h 和 12 h 的腐蚀形貌均呈现出基体全面非均匀龟裂状腐蚀,基体表面整体较为平整,浅色(SEM 灰度照片中表现出的颜色)粉状腐蚀产物完整覆盖基体表面,处理 12 h 的产物多于处理 9 h 的,此类产物膜量少稀薄,不具有对基体金属的良好保护作用,故此试样腐蚀损伤较严重。

　　图 6.3 是 T2 紫铜在 150 Hz 交变频率处理后的 3.5％NaCl 溶液中的腐蚀形貌 SEM 照片。由图可见,T2 紫铜的腐蚀形貌呈现出浅色粉状腐蚀产物均匀覆盖基体表面的特征。处理 3 h、6 h、12 h 的形貌表现为基体较严重的全面非均匀龟裂状腐蚀,基体表面整体较为平整,没有产物膜溶解痕迹,也没有腐蚀产物膜脱落现象,其中处理 6 h 的浅色粉状腐蚀产物较多。处理 9 h 的形貌则表现为基体的全面不均匀溶解,产生大量的微孔,残留的腐蚀产物极少,表面平整度较低。

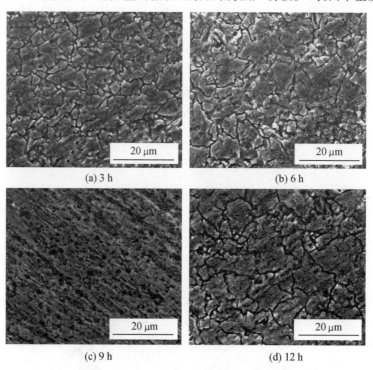

(a) 3 h　　　　　　　　　　(b) 6 h

(c) 9 h　　　　　　　　　　(d) 12 h

图 6.3　T2 紫铜在 150 Hz 交变频率处理后的腐蚀形貌 SEM 照片

　　图 6.4 是 T2 紫铜在 200 Hz 交变频率处理后的 3.5％NaCl 溶液中的腐蚀形貌 SEM 照片。由图可见,200 Hz 交变频率的处理阶段,T2 紫铜的腐蚀形貌均表现为基体全面非均匀龟裂状腐蚀形态。处理 3 h、6 h、9 h 的形貌基体表面整体平整。其中,处理 3 h 的龟裂状腐蚀缝隙密度低,整体表面平整,处理 6 h 的腐蚀产物较多,以浅色粉状产物为主,基体的龟裂状腐蚀缝隙最细密,处理 9 h 的基体

龟裂状腐蚀缝隙相比其他试样较宽而深。处理 12 h 的形貌龟裂状腐蚀缝隙密度
较低,局部出现较大的孔洞,整体表面极不平整。

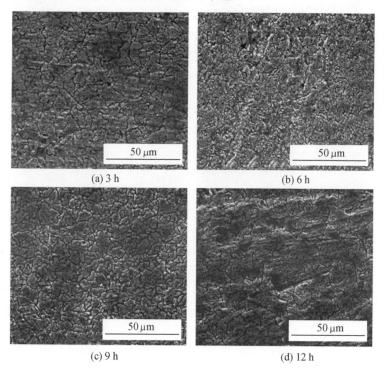

(a) 3 h　　　　　　　　　　　　(b) 6 h

(c) 9 h　　　　　　　　　　　　(d) 12 h

图 6.4　T2 紫铜在 200 Hz 交变频率处理后的腐蚀形貌 SEM 照片

6.2.2　铜合金腐蚀形貌演变

图 6.5 为 H63 黄铜在 50 Hz 交变频率处理后的 3.5% NaCl 溶液中的腐蚀形
貌 SEM 照片。从图中可以看出,旋转电磁处理阶段的腐蚀表面均呈现全面腐蚀
的倾向,基体表面均较平整,有些很平整,腐蚀的均匀度很高,旋转电磁处理早期
的 3 h 和 6 h 出现了轻微的腐蚀,所有最终表面形貌均未出现具有形体的全面覆
盖基体表面的固相腐蚀产物,只能观察到少许或观察不到;由于 Zn 的电极电位
低于氢电位,黄铜更容易发生以 H^+ 为氧化剂的电化学腐蚀,在脱锌腐蚀中产生
微坑,由于微坑内的扩散受阻,容易发展为点蚀。旋转电磁处理阶段有明显的点
蚀产生,其中后期 9 h 和 12 h 点蚀更为严重。

图 6.6 为 H63 黄铜在 100 Hz 交变频率处理后的 3.5% NaCl 溶液中的腐蚀
形貌 SEM 照片。腐蚀表面呈现全面腐蚀的倾向,基体表面均较平整。其中,处
理 3 h 时的表面形貌平整,腐蚀产物覆盖的均匀度很高,但是致密性不好,且有出
现腐蚀坑的倾向,处理 6 h 时,腐蚀表面最不平整,但是致密性较好;还可以看出,

在旋转电磁处理 12 h 时 H63 黄铜表面出现腐蚀坑。

图 6.5   H63 黄铜在 50 Hz 交变频率处理后的腐蚀形貌 SEM 照片

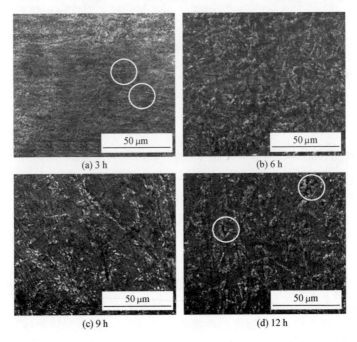

图 6.6   H63 黄铜在 100 Hz 交变频率处理后的腐蚀形貌 SEM 照片

图 6.7 为 H63 黄铜在 150 Hz 交变频率处理后的 3.5％NaCl 溶液中的腐蚀形貌 SEM 照片。从图中可以看出,在旋转电磁处理阶段,处理 6 h 和 12 h 时腐蚀表面发生空蚀,出现腐蚀坑,除了腐蚀坑外的表面较为平整,处理 6 h 时的表面腐蚀形貌表现出深条状和裂痕状腐蚀形态,以及很多的腐蚀坑,处理 3 h 时表面的腐蚀产物覆盖较为致密,但是也可以看出空蚀的倾向。

图 6.8 为 H63 黄铜在 200 Hz 交变频率处理后的 3.5％NaCl 溶液中的腐蚀形貌 SEM 照片。从图中可以看出,在旋转电磁处理阶段,处理 3 h 时,腐蚀表面呈现出非均匀龟裂状腐蚀形态;处理 6 h 和 9 h 时,腐蚀表面较为平整,处理 6 h 时可以看出有腐蚀产物聚集的现象;处理 12 h 时,腐蚀表面出现腐蚀坑,除了腐蚀坑外的表面产物腐蚀较为均匀。

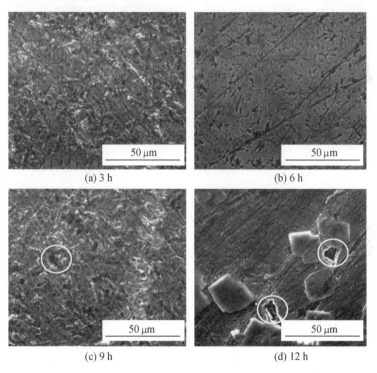

(a) 3 h　　　　　　　　　　　　(b) 6 h

(c) 9 h　　　　　　　　　　　　(d) 12 h

图 6.7　H63 黄铜在 150 Hz 交变频率处理后的腐蚀形貌 SEM 照片

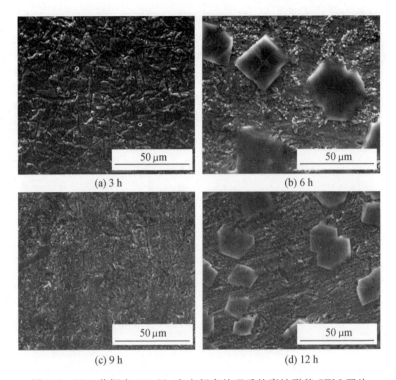

图 6.8　H63 黄铜在 200 Hz 交变频率处理后的腐蚀形貌 SEM 照片

6.3　旋转电磁记忆过程腐蚀形貌演变

6.3.1　铜的腐蚀形貌演变

图 6.9 是 T2 紫铜在 50 Hz 交变频率处理后旋转电磁记忆过程中的腐蚀形貌 SEM 照片。由图可见,在 50 Hz 交变频率处理后旋转电磁记忆过程中,T2 紫铜的电化学腐蚀形貌差异较大。记忆 3 h 的腐蚀形貌存在相对致密的产物膜,覆盖较为完整但不平整,随着处理时间的增加,腐蚀产物膜逐步溶解,裸露出的基体也被腐蚀形成产物膜,由于表层尚未溶解完全,两层之间的作用力导致新生产物膜龟裂。记忆 6 h 的残留产物最少,基体受到严重腐蚀。记忆 9 h 的腐蚀形貌是均匀细小的颗粒状腐蚀产物密集分布在基体表面的形貌特征。记忆 12 h 的与记忆 9 h 的类似,但颗粒不如记忆 9 h 的细小,分布不如记忆 9 h 的密集。

图 6.10 是 T2 紫铜在 100 Hz 交变频率处理后旋转电磁记忆过程中的腐蚀形貌 SEM 照片。由图可见,100 Hz 交变频率处理后旋转电磁记忆过程中,记忆

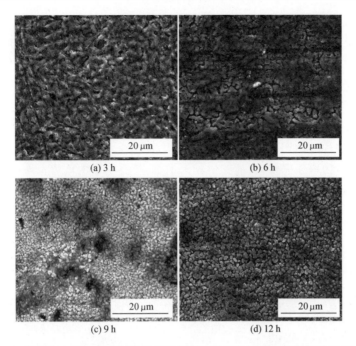

图 6.9　T2 紫铜在 50 Hz 交变频率处理后旋转电磁记忆过程中的腐蚀形貌 SEM 照片

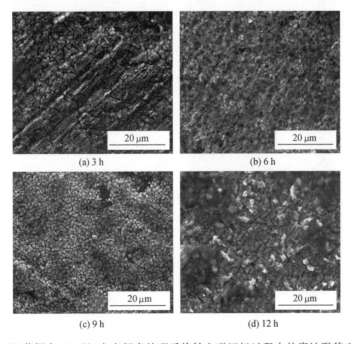

图 6.10　T2 紫铜在 100 Hz 交变频率处理后旋转电磁记忆过程中的腐蚀形貌 SEM 照片

3 h 的形貌表现为基体呈严重的深条状和裂痕状腐蚀形态。记忆 6 h 的形貌表现为产物膜全面均匀溶解。记忆 9 h 的形貌表现为均匀细小的颗粒状腐蚀产物全面密集地覆盖于基体表面,但有产物溶解出现的孔洞,表面凹凸不平。记忆 12 h 的形貌具有明显的层次分布,以及明显的产物溶解痕迹,表现为局部产物残留,基体裸露部分再腐蚀呈龟裂状。

　　图 6.11 是 T2 紫铜在 150 Hz 交变频率处理后旋转电磁记忆过程中的腐蚀形貌 SEM 照片。由图可见,150 Hz 交变频率处理后旋转电磁记忆过程中,记忆 3 h 的腐蚀产物覆盖完整,表面整体较为平整,没有明显的龟裂现象。记忆 6 h 的腐蚀产物膜破裂、裸露出基体,腐蚀产物膜呈致密的颗粒状分布,从边缘上可以看出腐蚀产物膜具有一定的厚度,产物膜破裂后裸露的底层基体又腐蚀形成产物膜。记忆 9 h 的形貌表现为腐蚀产物的溶解,可观察到极细小针片状残留产物,表面不平整。记忆 12 h 的形貌则表现为细小颗粒状腐蚀产物致密完整地覆盖基体表面,同时存在少量细小针片状腐蚀产物,产物层局部有溶解痕迹。

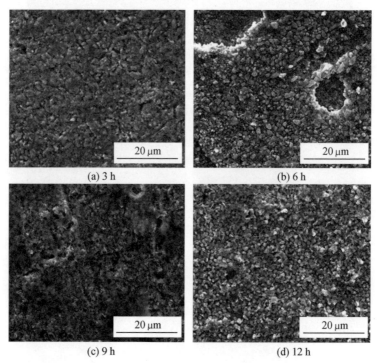

(a) 3 h　　　　　　　　　　　　　(b) 6 h

(c) 9 h　　　　　　　　　　　　　(d) 12 h

图 6.11　T2 紫铜在 150 Hz 交变频率处理后旋转电磁记忆过程中的腐蚀形貌 SEM 照片

　　图 6.12 是 T2 紫铜在 200 Hz 交变频率处理后旋转电磁记忆过程中的腐蚀形貌 SEM 照片。由图可见,200 Hz 交变频率处理后旋转电磁记忆过程中,T2 紫铜的电化学腐蚀形貌差异较大。记忆 3 h、9 h、12 h 的腐蚀产物膜较薄,颗粒状

产物尺寸非常细小,并没有完整覆盖基体,局部有溶解孔洞,表面较平整。记忆
6 h 的形貌层次分明,表面极不平整,外层为大面积不均匀溶解残留的腐蚀产物,
内层为颗粒状致密分布的新生成腐蚀产物膜,新生成的腐蚀产物膜非常平整,产
物颗粒尺寸相当细小,完整覆盖于基体表面。所有腐蚀后的表面形貌均非常
理想。

图 6.12　T2 紫铜在 200 Hz 交变频率处理后旋转电磁记忆过程中的腐蚀形貌 SEM 照片

6.3.2　铜合金腐蚀形貌演变

图 6.13 为 H63 黄铜在 50 Hz 交变频率处理后旋转电磁记忆过程中的腐蚀
形貌 SEM 照片。从图中可以看出,在 50 Hz 交变频率处理后旋转电磁记忆过程
中,腐蚀表面腐蚀产物的覆盖较为均匀致密,记忆 3 h 和 12 h 时,存在点蚀倾向
(12 h 可能是栓状脱锌腐蚀)。所以,从腐蚀表面形貌看,记忆性实验阶段,记忆
3 h、6 h、9 h、12 h 未发生点蚀,有利于减缓材料的腐蚀损伤。

图 6.14 为 H63 黄铜在 100 Hz 交变频率处理后旋转电磁记忆过程中的腐蚀
形貌 SEM 照片。从图中可以看出,旋转电磁处理后的记忆处理阶段,黄铜的腐
蚀表面呈现全面腐蚀的倾向,记忆 3 h 和 9 h 时,腐蚀表面较为平整,腐蚀产物覆
盖较为均匀,而记忆 6 h 和 12 h 时,腐蚀表面不平整,这会导致与腐蚀介质接触

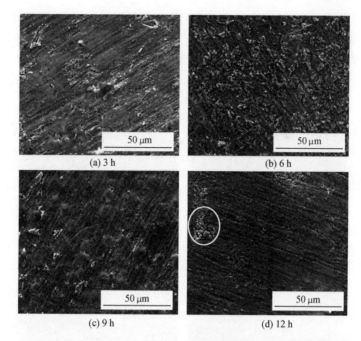

图 6.13　H63 黄铜在 50 Hz 交变频率处理后旋转电磁记忆过程中的腐蚀形貌 SEM 照片

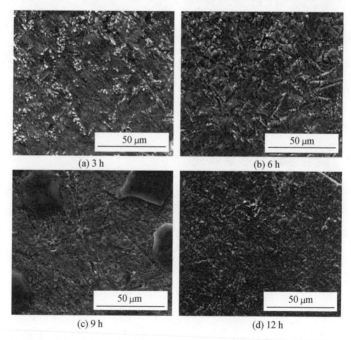

图 6.14　H63 黄铜在 100 Hz 交变频率处理后旋转电磁记忆过程中的腐蚀形貌 SEM 照片

的金属表面凹凸不平,从而造成局部腐蚀。

　　图 6.15 为 H63 黄铜在 150 Hz 交变频率处理后旋转电磁记忆过程中的腐蚀形貌 SEM 照片。从图中可以看出,旋转电磁处理后的记忆处理阶段,H63 黄铜的腐蚀表面呈现全面腐蚀的倾向,记忆 3 h、6 h 和 9 h 时,腐蚀表面形貌较为平整,腐蚀产物覆盖较为均匀,会有少量微小的腐蚀坑出现,而记忆 12 h 时,腐蚀表面出现较为明显的腐蚀坑,这会造成基体表面局部暴露,加剧黄铜腐蚀。

　　图 6.16 为 H63 黄铜在 200 Hz 交变频率处理后旋转电磁记忆过程中的腐蚀形貌 SEM 照片。从图中可以看出,旋转电磁处理后的记忆处理阶段,记忆 9 h 和 12 h 时,腐蚀表面呈现出非均匀龟裂状腐蚀形态,记忆 3 h 时,腐蚀表面出现很多腐蚀坑,这可能是栓状脱锌腐蚀造成的点蚀,这会加剧局部腐蚀发生的可能性,记忆 6 h 时,腐蚀表面较为平整,但是有腐蚀产物聚集现象。

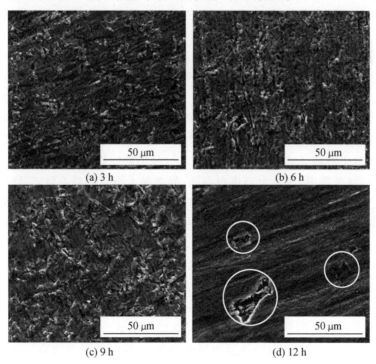

图 6.15　H63 黄铜在 150 Hz 交变频率处理后旋转电磁记忆过程中的腐蚀形貌 SEM 照片

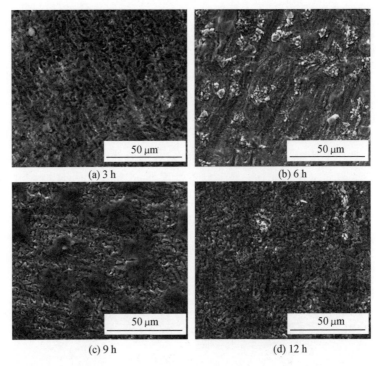

图 6.16　H63 黄铜在 200 Hz 交变频率处理后旋转电磁记忆过程中的腐蚀形貌 SEM 照片

6.4　旋转电磁效应对腐蚀产物的影响

6.4.1　铜的腐蚀产物

图 6.17 是紫铜在 50 Hz 交变频率处理 3.5%NaCl 溶液中腐蚀产物的能谱分析图。由图可见,腐蚀后的试样表面成分主要含 Cu 元素、O 元素和 Cl 元素,O 元素含量变化较小,50 Hz 交变频率处理后旋转电磁记忆 9 h 的腐蚀产物中 Cl 元素含量较高,而 Cu 元素含量较低,说明此时的腐蚀产物是以铜的氯化物为主。

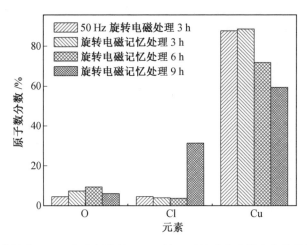

图 6.17　紫铜在 50 Hz 交变频率处理 3.5％NaCl 溶液中腐蚀产物的能谱分析图

图 6.18 是紫铜在 50 Hz 交变频率处理 3.5％NaCl 溶液中腐蚀产物的 XRD（X 射线衍射）谱图。由图可见，腐蚀产物成分主要是 Cu_2O 和 $CuCl$，还有微量的 $CuC_2O_4 \cdot xH_2O$，处理时间的增加对 Cu_2O 和 $CuCl$ 的物相生成影响较小。

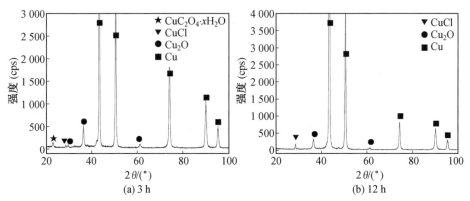

图 6.18　紫铜在 50 Hz 交变频率处理 3.5％NaCl 溶液中腐蚀产物的 XRD 谱图

图 6.19 是紫铜在 50 Hz 交变频率处理后旋转电磁记忆过程中腐蚀产物的 XRD 谱图。由图可见，腐蚀产物成分主要是 Cu_2O 和 $CuCl$，还有微量的 $CuC_2O_4 \cdot xH_2O$，$CuCl$ 峰数增多、峰强度增大，说明交变频率处理时间的增加对 $CuCl$ 的物相生成影响较大。

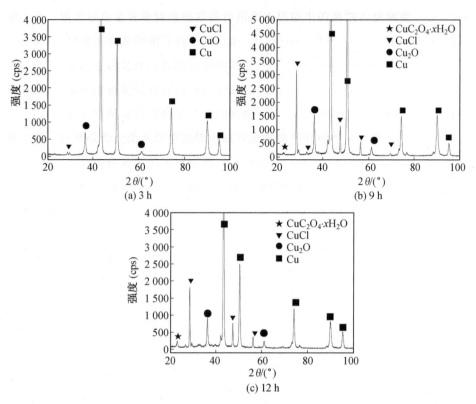

图 6.19　紫铜在 50 Hz 交变频率处理后旋转电磁记忆过程中腐蚀产物的 XRD 谱图

6.4.2　铜合金腐蚀产物

图 6.20 为 H63 黄铜在未处理的 3.5％NaCl 溶液中电化学腐蚀后的腐蚀产物成分。从 XRD 的结果分析可知，H63 黄铜在原始溶液中腐蚀后，腐蚀表面是金属基体成分以及 Cu，这说明 H63 黄铜在 3.5％NaCl 溶液中发生的是选择性腐蚀，即脱锌腐蚀，且没有在腐蚀后的表面生成其余的腐蚀产物，无法对腐蚀造成阻挡。

图 6.21 为 H63 黄铜在旋转电磁处理后的 3.5％NaCl 溶液中电化学腐蚀后的腐蚀产物成分。从 XRD 的分析结果可以看出，H63 黄铜在旋转电磁处理阶段和记忆处理阶段中的腐蚀产物与未处理时的腐蚀产物相比，物相成分多了 CuCl，其余的腐蚀表面产物与未处理时的一样，为 H63 黄铜和 Cu，同时也可以看出旋转电磁对腐蚀产物的影响也具有记忆性。

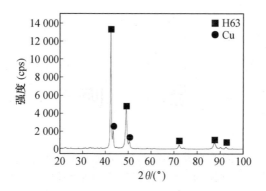

图 6.20　H63 黄铜在未处理的 3.5%NaCl 溶液中电化学腐蚀后的腐蚀产物成分

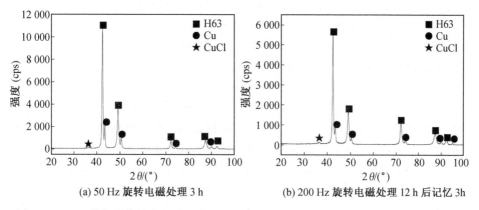

(a) 50 Hz 旋转电磁处理 3 h　　　　　(b) 200 Hz 旋转电磁处理 12 h 后记忆 3h

图 6.21　H63 黄铜在旋转电磁处理后的 3.5%NaCl 溶液中电化学腐蚀后的腐蚀产物成分

第 7 章　铜及铜合金海水环境旋转电磁效应缓蚀控制模型及机理

7.1　旋转电磁效应的缓蚀机理

7.1.1　铜的电化学腐蚀机理

根据电化学腐蚀实验、表面形貌、能谱分析、XRD以及腐蚀电化学理论,对45钢和紫铜电化学腐蚀机理分析如下。

在中性或碱性介质中,氢离子浓度往往比较低,所以析氢平衡电势也比较低。对45钢和紫铜,其阳极溶解平衡电势又比较高,它们在中性或碱性介质中的腐蚀溶解的共轭反应是溶解氧的还原反应,即氧去极化反应促使了作为阳极的金属不断被腐蚀。

在中性或碱性溶液中氧的还原反应为

$$O_2 + 4e + 2H_2O \longrightarrow 4OH^- \tag{7.1}$$

其平衡电势为

$$\varphi_{O_2} = \varphi^{\ominus} + \frac{2.3RT}{4F} \lg\left[\frac{p_{O_2}}{OH^-}\right] \tag{7.2}$$

式中,$\varphi^{\ominus}$(SHE)$=0.401\,V$,$p_{O_2} = 0.21 \times 10^5\,Pa$,由此可计算得到氧还原反应电势与pH的关系,如图7.1所示。

只要金属在溶液中的电势低于氧的还原电势,就可能发生吸氧腐蚀。吸氧腐蚀的阴极去极化剂是溶液中溶解的氧。随着腐蚀的进行,消耗掉的氧需要空气中的氧来补充。氧从空气中进入溶液并迁移到阴极表面发生还原反应的过程主要包括:氧穿过空气/溶液界面进入溶液;在溶液对流作用下,氧迁移到阴极表面附近;在扩散层范围内,氧在浓度梯度作用下扩散到阴极表面;在阴极表面氧分子发生还原反应,也即氧的离子化反应,如图7.2所示。多数情况下,吸氧腐蚀为阴极氧的扩散控制。

旋转电磁效应改变了溶液的物理化学性质,尤其使溶液的溶解氧能力增强,并且使大分子缔合体系变成更具活性的小分子缔合体系,这样氧的扩散速度大大加快,金属的腐蚀速率可能由氧的阴极还原反应即氧的离子化反应速度控制。

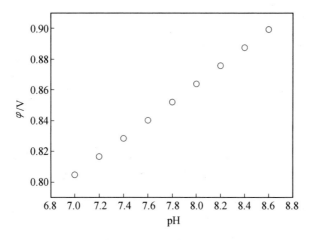

图 7.1　氧还原反应电势与 pH 的关系

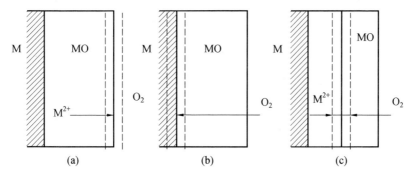

图 7.2　金属离子和氧的扩散示意图

该控制步骤可能分成下列几个基本步骤,并且有实验证明大多数金属氧的还原反应过程中有中间产物 H_2O_2 或 HO_2^- 生成:

$$O_2 + e \longrightarrow O_2^- \tag{7.3}$$

$$O_2^- + H_2O + e \longrightarrow HO_2^- + OH^- \tag{7.4}$$

$$HO_2^- + H_2O + 2e \longrightarrow 3OH^- \tag{7.5}$$

当氧离子化反应为控制步骤时,阴极过电势服从 Tafel 公式

$$\eta_{\vartheta'O_2} = a' + b' \lg i_C \tag{7.6}$$

式中,a' 和 b' 为常数。其中,a' 为单位电流密度下的氧过电势,它与电极材料、表面状态、溶液组成和温度有关;b' 与电极材料无关,25 ℃时约为 0.116 V。金属上的氧离子化过电势均较高,多在 1 V 以上。

氧去极化过程的阴极极化曲线如图 7.3 所示,整个阴极极化曲线可分成两个区域:当阴极电流密度较小且供氧充分时,相当于极化曲线的 AB 段,说明阴极极化过程的速度主要取决于氧的离子化反应。当阴极电流密度增大时,相当

于 BCD 段,因氧的扩散速度有限,供氧受阻,会出现浓差极化。氧浓差过电势为

$$\eta_{c,O_2} = -\frac{2.3RT}{nF}\lg\left[1 - \frac{i_C}{i_L}\right] \tag{7.7}$$

这时阴极过程受氧的离子化反应和扩散共同控制,总的阴极过电势为

$$\eta_{O_2} = \eta_{a,O_2} + \eta_{c,O_2} = a' + b'\lg i_C - \frac{2.3RT}{nF}\lg\left[1 - \frac{i_C}{i_L}\right] \tag{7.8}$$

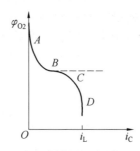

图 7.3　氧去极化过程的阴极极化曲线

　　一旦形成连续的氧化膜,将金属和腐蚀介质隔开,金属腐蚀过程能否继续进行将取决于两个因素:①界面反应速度,包括金属—氧化物及氧化物—气体两个界面上的反应速度;②参加反应物质通过氧化膜的扩散和迁移速度,包括浓度梯度作用下的扩散和电势梯度引起的迁移。实际上,这两个因素控制了继续腐蚀的整个过程。从金属腐蚀过程的分析可知,当表面的金属与氧开始作用,生成极薄的金属氧化膜时,起主导作用的是界面反应;随着氧化膜增厚,扩散过程(包括浓差扩散和电迁移扩散)将逐渐占据主导。

　　紫铜在 3.5% NaCl 溶液中的腐蚀机理如下:

$$Cu + Cl^- \longrightarrow CuCl_{(ads)} + e^- \tag{7.9}$$

$$CuCl_{(ads)} \longrightarrow CuCl_{(film)} \tag{7.10}$$

$$CuCl + e^- \longrightarrow Cu + Cl^- \tag{7.11}$$

$$CuCl_{(ads)} + Cl^- \rightleftharpoons CuCl_2^- \tag{7.12}$$

$$CuCl_2^- \longrightarrow Cu^{2+} + 2Cl^- + e^- \tag{7.13}$$

以上反应表明腐蚀产物的形成、沉积,形成保护膜以及表面溶解的过程。

　　海水是多盐分的电解质体系,主要以氯化物为主:

$$4Cu + O_2 \longrightarrow 2Cu_2O \tag{7.14}$$

$$Cu_2O + Cl^- + H_2O \longrightarrow Cu_2Cl(OH)_2^- \tag{7.15}$$

溶解氧的增加加速了表面氧化膜的形成:

$$O_2 + 4e^- + 2H_2O \longrightarrow 4OH^- \tag{7.16}$$

$$Cu + OH^- \longrightarrow Cu(OH)_{(ads)} + e^- \tag{7.17}$$

$$2Cu(OH)_{(ads)} \rightleftharpoons Cu_2O + H_2O \tag{7.18}$$

$$2CuCl + H_2O \longrightarrow Cu_2O + 2HCl \qquad (7.19)$$

7.1.2　铜的电化学腐蚀过程

阴极上发生的是氧去极化反应,T2 紫铜的腐蚀速率受阴极过程控制。在阴极反应过程中,氧通过扩散到达阴极表面吸收腐蚀电极中的剩余电子而形成氢氧根离子,即

$$O_2 + 4e^- + 2H_2O \longrightarrow 4OH^- \qquad (7.20)$$

热效应对阴极反应过程的作用主要有两方面:①改变了溶液中的溶解氧含量,随着温度的升高,溶解氧含量先降低后升高;②增大了氧扩散区宽度,使得腐蚀电位增大,氧还原反应速率减小,为阳极极化过程提供的氢氧根离子减少,但余留下的溶解氧参与 T2 紫铜的氧化反应。

在阳极反应过程中,T2 紫铜以水化离子的形式进入溶液,并把电子留在阳极,电子从阳极流动到阴极,即

$$Cu \longrightarrow Cu^{2+} + 2e^- \qquad (7.21)$$
$$Cu^{2+} + 2H_2O \longrightarrow Cu^{2+} \cdot 2H_2O \qquad (7.22)$$

综合以上腐蚀形貌、腐蚀产物物相成分、阴极反应过程和阳极反应过程分析,紫铜在 3.5%NaCl 溶液中的阳极反应过程主要有以下三种:

(1) 受阴极氧去极化反应控制,主要发生以下反应过程:

$$Cu + OH^- \longrightarrow Cu(OH)_{(ads)} + e^- \qquad (7.23)$$
$$2Cu(OH)_{(ads)} \longrightarrow Cu_2O + H_2O \qquad (7.24)$$
$$2CuCl + H_2O \longrightarrow Cu_2O + 2HCl \qquad (7.25)$$

(2) 受溶解氧氧化反应控制,主要发生以下反应过程:

$$4Cu + O_2 \longrightarrow 2Cu_2O \qquad (7.26)$$

(3) 受氯离子络合反应控制,主要发生以下反应过程:

$$Cu_2O + Cl^- + H_2O + OH^- \longrightarrow Cu_2Cl(OH)_3 + 2e^- \qquad (7.27)$$
$$Cu + Cl^- \longrightarrow CuCl_{(ads)} + e^- \qquad (7.28)$$
$$CuCl_{(ads)} \longrightarrow CuCl_{(film)} \qquad (7.29)$$
$$CuCl + e^- \longrightarrow Cu + Cl^- \qquad (7.30)$$
$$CuCl_{(ads)} + Cl^- \longrightarrow CuCl_2^- \qquad (7.31)$$
$$CuCl_2^- \longrightarrow Cu^{2+} + 2Cl^- + e^- \qquad (7.32)$$

T2 紫铜在 3.5%NaCl 溶液中实际发生的电化学反应包含了以上三种反应过程,可以表明腐蚀产物的形成、沉积、形成保护膜以及表面溶解的历程。组成钝化膜的固相腐蚀产物物相的主要成分为 CuCl,不溶于水的 CuCl 与 Cl⁻ 结合生成易溶于水的 CuCl₂⁻ 而溶解于溶液中。溶液中 Cl⁻ 浓度较高,CuCl 可以快速大量生成,同时生成的 CuCl 在较高的腐蚀电位下又快速溶解,使得整个电化学反

应循环进行。

7.1.3　铜合金的电化学腐蚀过程

H63 黄铜在海水中发生脱锌腐蚀,腐蚀可以被认为分成 3 步:① 黄铜发生溶解;② Zn 发生反应得到 Zn^{2+} 进入溶液;③ Cu^{2+} 发生还原反应重新析出沉积到基体上。因此,H63 黄铜在 3.5％NaCl 溶液中的阳极反应为黄铜脱锌,阴极反应为氧去极化反应。

(1) H63 黄铜在 3.5％ NaCl 溶液中发生的阴极过程为氧去极化反应,反应式为

$$\frac{1}{2}O_2 + H_2O + 2e^- \longrightarrow 2OH^- \qquad (7.33)$$

(2) H63 黄铜在 3.5％NaCl 溶液中发生的阳极过程为黄铜活性溶解反应,反应式为

$$Zn \longrightarrow Zn^{2+} + 2e^- \qquad (7.34)$$
$$Cu \longrightarrow Cu^+ + e^- \qquad (7.35)$$

(3) 随着反应的进行,溶液中的锌离子会留在溶液中,而一价铜离子会和溶液中的氯离子作用,生成氯化亚铜,氯化亚铜会发生歧化反应生成氯化铜,得到的铜离子会生成铜,又重新沉积在基体上,反应为

$$Cu^+ + Cl^- \longrightarrow CuCl \qquad (7.36)$$
$$2CuCl \longrightarrow Cu + CuCl_2 \qquad (7.37)$$
$$Cu^{2+} + 2e^- \longrightarrow Cu \qquad (7.38)$$

从上述反应可以看出,黄铜在发生腐蚀后,黄铜中的锌溶解到 3.5％NaCl 溶液中,而铜则是在反应一遍后又重新沉积在基体表面,这也与未经处理后的腐蚀产物的分析结果相对应,即腐蚀后的基体表面为 H63 黄铜和 Cu。

整个腐蚀过程分为两个过程,即阴极反应过程和阳极反应过程,在腐蚀过程中,腐蚀电流密度与阴极过程电流密度、阳极过程电流密度一致,所以阴极过程与阳极过程中电流密度小的就是腐蚀的控制过程。

T2 紫铜和 H63 黄铜在 3.5％NaCl 溶液中的阴极过程均是氧去极化过程,阴极过程快慢是它们发生腐蚀时腐蚀速率快慢的决定因素。若整个腐蚀过程是在供氧速率较大,同时腐蚀电流密度较小的情况下进行,则金属的腐蚀速率被阴极上氧去极化反应的电化学极化过电位决定,但是大多数情况下,氧去极化反应会受到供氧速率的限制,此时氧去极化腐蚀反应速率的大小会被氧扩散过程控制。因此,金属发生腐蚀的速率大小与氧扩散极限电流密度大小一样,氧扩散极限电流密度 i_d 为

$$i_d = \frac{nFDC}{\delta} \qquad (7.39)$$

式中　D——溶解氧扩散系数（cm^2/s）；

　　　C——溶液中溶解氧的浓度（mol/L）；

　　　F——法拉第常数（C/mol）；

　　　δ——扩散层厚度（μm）。

从上述公式可以看出，D、C 以及 δ 都将影响阴极过程的速度，从而影响整个腐蚀过程。旋转电磁效应可以改变 $3.5\%NaCl$ 溶液的一些性质，最为明显的就是溶解氧含量，以及溶液 pH，而 T2 紫铜和 H63 黄铜在 $3.5\%NaCl$ 溶液中的腐蚀是受阴极过程控制的，即氧去极化反应的快慢决定了整个过程的腐蚀速率。

（1）溶解氧含量的影响：旋转电磁场会降低 $3.5\%NaCl$ 溶液中的溶解氧含量，而由式（7.39）可知，溶解氧含量会影响氧扩散极限电流密度，这会使阴极氧去极化反应的速率降低，从而使得整个腐蚀过程的腐蚀速率降低。

（2）pH 的影响：旋转电磁处理会使 $3.5\%NaCl$ 溶液的 pH 增加，而阴极氧去极化腐蚀过程生成的 OH^- 及 pH 的升高也会抑制反应的进行，使得阴极反应速度降低，从而使整个腐蚀过程的速度降低。

上述两个方面影响的综合作用，会使 T2 紫铜和 H63 黄铜在旋转电磁处理的 $3.5\%NaCl$ 溶液中的腐蚀速率降低，达到缓蚀的效果。对于记忆处理阶段，开始时溶液的溶解氧含量比未处理时的低，且 pH 比未处理时的高，所以腐蚀速率仍比未处理时的小，但是随着记忆时间的增加，溶液的溶解氧含量升高，使得缓蚀效果消失。

7.2　热效应对铜的腐蚀形貌及腐蚀产物的影响

7.2.1　铜的腐蚀形貌

利用 SEM 观察紫铜原始试样以及在不同温度 $3.5\%NaCl$ 溶液中电化学腐蚀后的表面形貌。图 7.4 为紫铜原始试样的表面形貌。由图可见，原始试样表面没有腐蚀产物，仅有孔洞缺陷。

图 7.5 为紫铜在不同温度 $3.5\%NaCl$ 溶液中电化学腐蚀表面形貌。由图可见，紫铜在不同温度 $3.5\%NaCl$ 溶液中的电化学腐蚀表面均呈现出全面腐蚀形态。在 20 ℃、40 ℃、50 ℃ $3.5\%NaCl$ 溶液中基体表面呈龟裂状不均匀腐蚀，其中，在 20 ℃ $3.5\%NaCl$ 溶液中的龟裂状尺寸较小，分布密集，基体表面整体形态较为平整；在 40 ℃ $3.5\%NaCl$ 溶液中的龟裂状尺寸较大，基体表面整体形态凹凸不平，有蚀坑；在 50 ℃ $3.5\%NaCl$ 溶液中的龟裂状尺寸大小不均，基体表面整体形态凹凸不平。在 30 ℃ $3.5\%NaCl$ 溶液中电化学腐蚀产物呈颗粒状全面覆

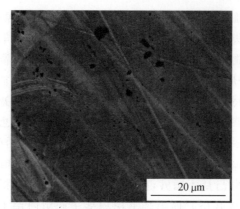

图 7.4　紫铜原始试样的表面形貌

盖于试样表面,产物尺寸均匀细小,覆盖形态较为平整。

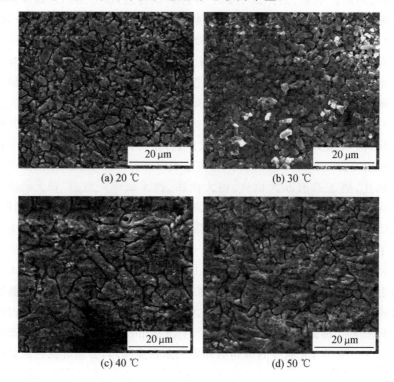

(a) 20 ℃　　　　　　　　　　(b) 30 ℃

(c) 40 ℃　　　　　　　　　　(d) 50 ℃

图 7.5　紫铜在不同温度 3.5％NaCl 溶液中的电化学腐蚀表面形貌

7.2.2　铜的腐蚀产物

对紫铜的原始试样和在不同温度 3.5％NaCl 溶液中的电化学腐蚀试样进行能谱分析测定元素和 XRD 测试成分,利用 MDI Jade 分析软件进行物相检定,分析腐蚀产物的物相成分。

　　图 7.6 为紫铜原始试样的 XRD 谱图。由图可见,紫铜基体的主要成分为铜,没有任何腐蚀产物或杂质。图 7.7 是紫铜在不同温度 3.5% NaCl 溶液中的腐蚀产物能谱分析图。可以看出,紫铜表面腐蚀产物主要含 Cu 元素、O 元素和 Cl 元素,O 元素含量变化较小,在 30 ℃ 的腐蚀产物中 Cl 元素含量较大,而 Cu 元素含量较小,说明腐蚀产物是以铜的氯化物为主。

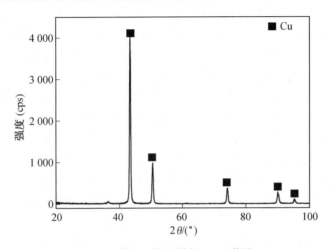

图 7.6　紫铜原始试样的 XRD 谱图

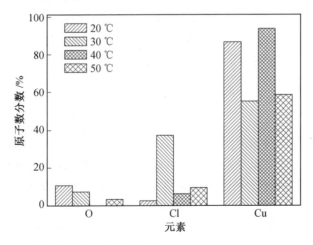

图 7.7　紫铜在不同温度 3.5% NaCl 溶液中的腐蚀产物能谱分析图

　　图 7.8 为紫铜在不同温度 3.5% NaCl 溶液中腐蚀产物的 XRD 谱图。由图可见,在 20 ℃ 时,腐蚀产物成分主要是 Cu_2O 和 CuCl,在 30 ℃ 时,腐蚀产物成分主要是 Cu_2O、CuCl、$CuCl_2$、$CuC_2O_4 \cdot xH_2O$。

　　对比 20 ℃ 和 30 ℃ 的 XRD 谱图可以看出,两个温度下紫铜腐蚀产物均有

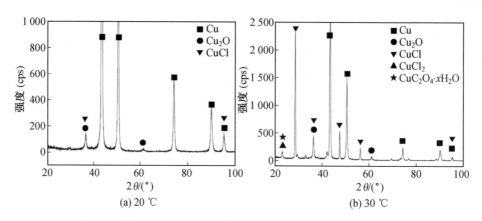

图 7.8　紫铜在不同温度 3.5%NaCl 溶液中腐蚀产物的 XRD 谱图

Cu_2O 物相生成,但温度升高对 Cu_2O 物相的生成影响较小。两个温度下紫铜腐蚀产物 CuCl 物相对比较为明显,CuCl 峰数增多、峰强度增大,说明温度对 CuCl 物相的生成影响较大,与 SEM 照片中颗粒状产物覆盖的形貌特征相吻合。Cu_2O 物相的生成量明显低于 CuCl 物相,这主要是由于溶液中 Cl^- 含量远高于溶解氧含量。

在 30 ℃时的腐蚀产物中还有微量草酸铜($CuC_2O_4 \cdot 0.5H_2O$)物相和 $CuCl_2$ 物相。草酸铜物相的生成,主要是由于溶解于溶液中的 CO_2 与 Cu、H_2O 的反应,草酸铜极不稳定,加热会再分解成 Cu、H_2O 和 CO_2 气体,少量时还可能分解成 CuO、H_2O、CO 气体、CO_2 气体。$CuCl_2$ 物相的生成,主要是由于 CuCl 不稳定易与溶液中的 Cl^- 结合生成 $CuCl_2$,但 $CuCl_2$ 易溶于水,残留量较少。

参 考 文 献

[1] 曹中秋. 铜基合金的高温腐蚀[M]. 北京:科学出版社,2019.

[2] 陈卓元. 铜的大气腐蚀及其研究方法[M]. 北京:科学出版社,2011.

[3] 侯保荣. 海洋腐蚀环境理论及其应用[M]. 北京:科学出版社,1999.

[4] 陶志华. 电子电镀铜柱及其酸洗缓蚀剂技术[M]. 北京:科学出版社,2019.

[5] 刘平,田保红,赵冬梅,等. 铜合金功能材料[M]. 北京:科学出版社,2004.

[6] 王光雍. 自然环境的腐蚀与防护:大气·海水·土壤[M]. 北京:化学工业出版社,1997.

[7] 张宝铭,刘有昌. 水的磁化处理研究[J]. 工业水处理,1994(4):004.

[8] JEFFREY G A, SAENGER W. Hydrogen bonding in biological structures [M]. New York:Springer-verlag, 1991.

[9] 孙跃,胡津. 金属腐蚀与控制[M]. 哈尔滨:哈尔滨工业大学出版社,2003.

[10] 王世昌. 海水淡化工程[M]. 北京:化学工业出版社,2003.

[11] 何业东,齐慧滨. 材料腐蚀与防护概论[M]. 北京:机械工业出版社,2005.

[12] 林玉珍,杨德钧. 腐蚀和腐蚀控制原理[M]. 北京:中国石化出版社,2007.

[13] 魏宝明. 金属腐蚀理论及应用[M]. 北京:化学工业出版社,2008.

[14] 张鹏. 基于旋转电磁效应的循环水系统抑垢缓蚀机制研究[D]. 哈尔滨:哈尔滨工业大学,2008.

[15] 苏倩. 全浸海水环境旋转电磁效应对 H63 黄铜的缓蚀机理研究[D]. 哈尔滨:哈尔滨工业大学,2014.

[16] 李吉南. 旋转电磁效应对海水水质及紫铜腐蚀行为的影响机理[D]. 哈尔滨:哈尔滨工业大学,2013.